现代土木工程项目管理

贾璐　刘坚强　黄建平　凌代平　漆璐　等　著

刘中存　王承瑞　王雪飞　钟瑾　主审

中国水利水电出版社

www.waterpub.com.cn

·北京·

内 容 提 要

　　本书通过多年产、学、研、用相结合的实践，结合大量工程案例，主要介绍了现代工程管理中的新方法、新技术、新思路。全书分为三篇共十一章，第一篇以 MBD 技术为基础，阐述工艺流程可视化的表达和管理方法，解决工艺信息离散、工艺数据传递复杂等问题；第二篇以工程质量管理标准化为主题，结合 BIM 技术，介绍标准化施工策划书、施工手册等的数字化输出方法；第三篇以项目盈利为目标，介绍面向成本管理的现金流量分析方法。本书图文并茂，注重实用，可供工程建设企业相关从业人员阅读，也可作为大专院校工程管理方向高年级本科生、研究生的教材和参考书。

图书在版编目（C I P）数据

现代土木工程项目管理 / 贾璐等著. -- 北京 ： 中
国水利水电出版社，2022.12
　ISBN 978-7-5226-1186-0

　Ⅰ．①现… Ⅱ．①贾… Ⅲ．①土木工程－项目管理－
研究 Ⅳ．①TU71

中国版本图书馆CIP数据核字(2022)第253742号

书　　名	**现代土木工程项目管理** XIANDAI TUMU GONGCHENG XIANGMU GUANLI
作　　者	贾　璐　刘坚强　黄建平　凌代平　漆　璐 等 著
出版发行	中国水利水电出版社 （北京市海淀区玉渊潭南路 1 号 D 座　100038） 网址：www. waterpub. com. cn E - mail：sales@mwr. gov. cn 电话：(010) 68545888（营销中心）
经　　售	北京科水图书销售有限公司 电话：(010) 68545874、63202643 全国各地新华书店和相关出版物销售网点
排　　版	中国水利水电出版社微机排版中心
印　　刷	清淞永业（天津）印刷有限公司
规　　格	184mm×260mm　16 开本　11.75 印张　286 千字
版　　次	2022 年 12 月第 1 版　2022 年 12 月第 1 次印刷
印　　数	0001—1000 册
定　　价	**78.00 元**

凡购买我社图书，如有缺页、倒页、脱页的，本社营销中心负责调换

前 言

本书针对有一定职业背景，培养高层次应用型人才、应用型高层次人才的提升需求，旨在使读者了解现代土木工程项目管理知识，为从事有关工程技术和管理的研究、实践提供基础理论和研究方法。

本书编写得到了南昌大学教材出版资助项目、江西省地质局科技研究项目"基于 MBD 的数字化工艺流程数据库及应用平台关键技术研发与实践"、南昌大学企业委托项目"阳光大道跨铁路转体桥工程施工工艺流程数字化方法研发"、"广州南沙新区明珠湾区起步区二期（横沥岛尖）土地开发项目科研专项"的支持。内容突出相关知识的综合性和实用性。首先，从三维数字化施工工艺流程的角度出发，以 MBD 三维数字化定义技术的思想和原理为基础，以施工过程中的质量控制与质量管理为主线，重点研究施工工艺流程可视化表达和标准化管理方法，解决工艺信息离散、工艺数据传递复杂、工艺操作理解困难、工艺质量控制困难等问题，从而填补数字技术在施工领域的应用短板。其次，以工程质量管理标准化为主题，介绍标准化施工策划书、标准化施工手册、质量通病防治手册的编写，并叙述了如何结合 BIM 技术输出数字化交底文件的技术方法，从而到达辅助现场的实际施工，实现施工质量标准化的目标。最后，针对在工程项目管理中，决定项目盈利的成本管理和现金流量分析，以实际工程项目为案例，根据施工现场调研数据编制现金流量表，阐述了采用基于 MMTT 付款条件下的现金流量分析方法。

本书由南昌大学工程建设学院贾璐，江西赣江中医药科创城建投集团有限公司黄建平，江西中煤建设集团有限公司刘坚强、凌代平、漆璐主笔。江西中煤建设集团董事长刘中存、总经理王承瑞、副总经理王雪飞、钟瑾主审，并提出了合理的建议。其他参与编写的人员有：南昌大学曾铭、卓平山、吴寒、程颖新，江西中煤建设集团有限公司涂序广、卢伟珍、罗晓东、喻晓娟、田甜、赵鹏、曾贤慧、徐政辉，中交武汉智行国际工程咨询有限公司赵璐，赣江新区城乡建设和交通局黄庆宇，赣江新区政务服务中心范志聪，赣江新区元海城市运营管理有限公司江海，江西同济建设项目管理服务有限公司李锦望，江西省建科工程技术有限公司支乐乐。

本书的编写与出版得到了江西中煤建设集团和南昌大学工程建设学院领导的大力支持，杜晓玲教授、廖小建教授、魏博文教授对本书提出了许多宝贵建议，南昌大学工程建设学院张梦琪、刘洋、彭悦晨、刘楠、钟艳梅等同学对该书的案例进行了试验与修改。

　　本书是对南昌大学相关课程教学经验、科研项目研发过程以及江西中煤建设集团工程应用经验的总结，可作为高校相关专业师生的教材，也可作为企业 BIM 应用与人员培训的参考用书，还可以用作广大工程管理从业者的自学用书。

　　由于笔者水平有限，本书难免有疏漏和不足之处，敬请读者批评、指正。

作者

2022 年 10 月

目 录

第二篇 施 工 标 准 化

第三篇 现 金 流 量 分 析

第一篇　工艺流程数字化

随着科学技术和国家经济的快速发展，建筑行业的投资份额逐渐增加，工程建设项目的数量和规模也在不断扩大。市场体量的提升并不意味着工程项目质量控制和管理也达到相应的水平，多数工程依旧停留在粗放型的发展阶段，极易出现质量缺陷、质量通病、质量事故等质量方面的问题。

基于模型的定义（Model Based Definition，简称 MBD）最早来源于航空制造业，其思想核心是通过集成的三维实体模型来定义描述产品生产过程中的设计与制造信息。MBD 不是简单的三维模型与标注地叠加，而是设计与制造过程的全面集成，其不仅可以基于文档进行过程驱动，将抽象、离散的信息更加形象和集中，还可以融入知识工程、过程模拟和规范标准等内容，使得设计与制造的过程转变成知识积累与技术创新的过程。

离散式、碎片化的生产建造方式是建筑产品质量不佳的重要原因，其相较制造业生产过程连续性差，技术集成化、机械化、数字化水平低，产品涉及专业类型复杂，建筑设备与材料种类多样，生产建造周期漫长，质量不可控因素众多，劳动力技能和素质低下。因此，MBD 技术并不能直接适用于建筑领域，需结合建筑领域生产建造过程中的相关工艺与管理特点进行研究与设计，以打破建筑产品设计与施工集成的瓶颈，实现建筑产业的数字化、集成化、精细化转型升级。

针对制造业与建筑业数字化过程中的异同性，本篇从三维数字化施工工艺流程的角度出发，以 MBD 技术的思想和原理为基础，以施工过程中的质量控制与质量管理为主线，重点研究施工工艺流程可视化表达和标准化管理方法，解决工艺信息离散、工艺数据传递复杂、工艺操作理解困难、工艺质量控制困难等问题，从而填补数字技术在施工领域的应用短板，技术路线见图 1.0.1。

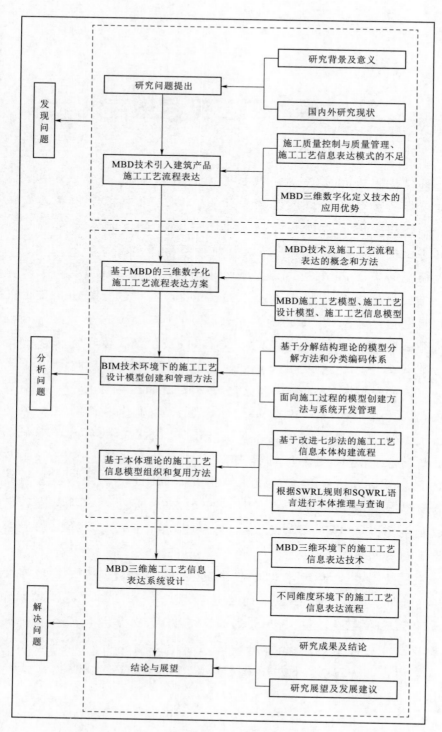

图 1.0.1　技术路线图

第一章 基于MBD的三维数字化施工 工艺流程表达方案

第一节 MBD 技 术

基于模型的定义（Model Based Definition，简称MBD）是一种通过集成的三维模型对产品进行数字化定义描述的技术方法，其方法核心是在三维模型中定义设计和生产过程中的产品信息，该方法改变了二维传递方式为主的设计生产模式，将二维表达方式中的工艺描述部分全部集成在三维数字模型中，最终实现了产品设计制造全阶段的工艺数据集成。

MBD技术不是将产品设计制造过程中的信息进行简单堆砌，而是通过结构化的模型进行组织和管理，其中不仅包括产品自身的三维几何信息，还包含材质属性、工艺参数、技术要点等非几何方面的属性信息，这些信息共同构成了MBD模型的数据集合，MBD数据集的组成要素如图1.1.1所示。

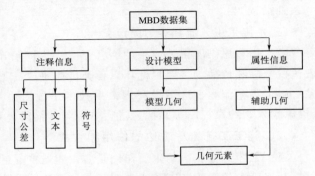

图 1.1.1 MBD 数据集的组成要素

MBD数据集由注释信息、设计模型、属性信息三部分组成，其中设计模型指设计阶段输出的几何元素构成的三维模型，主要通过模型几何和辅助几何来描述定义产品的几何信息；注释信息指产品生产制造过程中所需的注释类信息，包括描述产品形状的几何信息，以及描述生产制造工艺的非几何信息；属性信息指可见的产品定义信息或模型特征中需要查询才可获得的信息。

第二节 施 工 工 艺 流 程 表 达

一、施工工艺流程表达定义

（一）工艺的定义

工艺一般指生产工艺，是生产人员利用各类生产工具对各种原材料、半成品进行加工和处理，使其物理特征、表面状态、内部形态和化学性能等发生改变，最终形成预期产品的方法和过程。其中，方法是对拟生产产品的原材料或半成品进行的加工动作，如钢筋加工有调直、切断、弯曲等方法；过程是产品加工制造过程中所经历的一系列步骤，如生产钢筋需要经过转炉冶炼、连铸方坯、冷却、剪切等工艺步骤。

影响工艺的因素有很多，生产人员的技能、经验、能力、对工艺的理解和质量管理水平在很大程度上决定了工艺质量。低水平的工艺培训方法和质量管理手段使生产人员难以理解和实现产品的质量控制，往往导致成品质量不佳。本书研究的工艺主要是建筑产品的生产工艺，包括建设和生产全过程中的建筑成品、半成品等，其可以是在建或完工的分部分项工程，也可以是各种材料、部品、设备以及它们的组合。

（二）施工工艺流程的定义

流程指一组将输入转化为输出的相互关联或相互作业的活动，是为实现特定目标而进行的单个或一连串连续有规律的活动，这些活动以既定的方式实行，促进目标的最终实现。本书所提出的施工工艺流程是针对建筑产品的实际施工过程而言的，是通过资源要素的投入以及约束要素的控制，将输入的材料或半成品转化为建筑产品输出的一系列活动。

（三）施工工艺流程表达的定义

表达指将思维所得的成果用语言、图片、视频等方式反映出来的一种行为，广义上的表达以交际和传播为主要目标，以各类传播手段为工具，将不同事物的内涵传递给接收对象。施工工艺流程表达是指利用数字技术手段对施工工艺流程过程中输入和输出的要素（资源投入、约束控制等）信息进行管理与传播的过程活动。

二、施工工艺流程表达的作用和方式

施工工艺流程表达的主要作用是实现建筑产品施工过程中的质量控制与管理，不仅可以提升施工人员对建造工艺的理解程度、消除隐藏在产品内部的质量缺陷、提高建筑产品的实际使用寿命，还可以加强产品生产建造的效率、减少建造过程中的质量通病、降低整体的经济成本。

目前建筑企业常用的施工工艺流程表达方式以二维文字、图片、三维施工动画为主，主要有施工技术交底书、施工作业指导书、施工工艺规程等格式文件，存在制作标准不一、缺乏指导性资料、编制重复性工作繁多、可重复利用率低、文字与二维图片的可理解性不强、施工模拟的动画的交互性差等缺点，严重影响建筑产品相关工艺要素的管理与传播。

第三节 MBD 施工工艺模型

一、MBD 施工工艺模型的定义

当前建筑企业生产建造过程中使用的三维模型均是依据设计阶段定义的设计信息形成的，只能表达出建筑产品的几何特征信息，而建造过程中所涉及的工艺参数、辅助工艺措施、技术要求等非几何信息不仅未能与三维模型有效结合起来，多维信息之间还存在相互独立、前后脱节、管理困难等问题，严重影响施工工艺信息的集成与表达。基于上述问题，在 MBD 技术环境下，将施工过程中所涉及的非几何工艺信息集成在三维几何模型中，形成基于 MBD 的施工工艺模型，表达式定义如下：

$$CPM = \{M, I, R\} \tag{1.3.1}$$

式中：CPM（Construction Process Model）为施工工艺模型，由施工工艺设计模型、施工工艺信息模型和两个模型之间的关联映射关系组成；M（Construction Process Design Model）为施工工艺设计模型，是施工工艺在三维环境下的几何体现，主要包括三维几何元素和工艺特征信息；I（Process Information Model）为施工工艺信息模型，是各类施工工艺信息在层次逻辑下的具体体现，主要包括工艺活动信息、工艺资源信息和工艺管理信息等内容；R（Relationship）为设计模型和信息模型之间的关联映射机制和关系集合。

二、施工工艺设计模型的定义

施工工艺设计模型来源于设计阶段，充分考虑设计要求、工艺路线、施工要点等内容，保持与实际施工做法的一致性，反映施工工艺的动态演进和过程变化。因此，本书以特定时间节点为主线，离散施工过程为具体内容，将施工工艺设计模型定义为随时间而不断演变的三维状态模型，表达式定义如下：

$$M_t = \sum_{i=1}^{n} G_i \cup \sum_{j=1}^{m} A_j^M \cup \sum_{k=1}^{r} Mark_k \tag{1.3.2}$$

式中：M_t 为 t 时间节点的施工工艺设计模型，表示某一特定时间节点下三维模型所处的状态，可用一个以时间为变量的有序集合 $M = \{M_1, M_2, \cdots, M_i, \cdots, M_t\}$ 进行表示；G_i 为三维几何模型，包括尺寸、形状参数等几何特征信息；A_j^M 为三维几何模型的相关属性，包括材质、检验、生产等属性信息；$Mark_k$ 为三维几何模型的注释信息，包括尺寸标注和其他标注在几何模型中的标识信息；施工工艺设计模型的组织结构如图 1.3.1 所示。

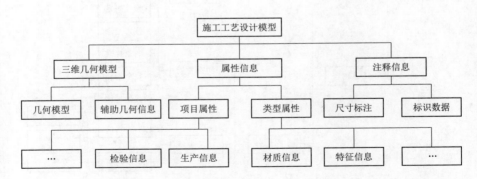

图 1.3.1　施工工艺设计模型组织结构

三、施工工艺信息模型的定义

施工工艺信息模型是通过结构化的层次逻辑来表达施工过程中所涉及的工艺信息，主要来源于设计到施工过程中的离散工艺信息，由施工过程中各工序工步阶段的活动信息共同构成。与分散独立的普通工艺信息相比，施工工艺信息模型不仅可以体现结构特征、工艺参数，而且包含施工过程、操作方法、技术要点等工艺信息，可为使用人员提供完整可靠的技术指导，其表达式如下：

$$I = \sum_{j}^{m} A_j^M \cup \sum_{i=1}^{n} IPM_i \tag{1.3.3}$$

$$IPM = \sum_{k=1}^{r} S_k \cup \sum_{l=1}^{t} A_l^{IPM} \tag{1.3.4}$$

式中：A_j^M 为施工工艺设计模型中对应时间节点的属性信息，由设计阶段产生的工艺数据组成，可从工艺设计模型中直接继承获得；IPM_i 为第 i 个工序所包含的工艺信息和属性信息，包括资源信息、活动信息和管理信息等；S_k 为工序施工过程中的阶段状态，即工序内含的工步工艺信息；A_l^{IPM} 为该工步阶段的工步名称、工步内容等与工步相关的属性信息。施工工艺信息模型的结构框架如图 1.3.2 所示。

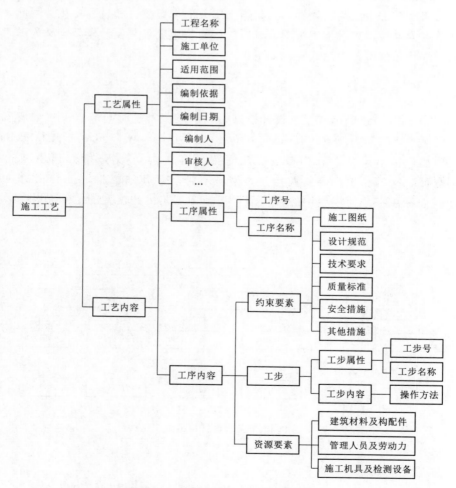

图 1.3.2　施工工艺信息模型的结构框架

四、MBD 施工工艺模型的表达

根据前述定义可知，MBD 施工工艺模型由施工工艺设计模型和施工工艺信息模型通过某种关联关系结合而成，因此构建完整可靠的关联体系对工艺模型的快速创建尤为重要。本书以三维空间中的几何实体作为模型关联载体，工艺路线中的工序工步为模型关联节点，通过将施工过程中的各类几何和非几何工艺信息动态集成在三维实体几何中进行 MBD 施工工艺模型的构建与表达，MBD 施工工艺模型的动态关联过程如图 1.3.3 所示。

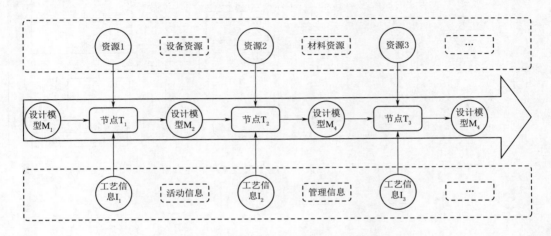

图 1.3.3 MBD 施工工艺模型的动态关联过程

由图 1.3.3 可以看出，MBD 施工工艺模型由施工工艺设计模型提供三维实体几何，施工工艺信息模型提供工艺信息和资源信息等内容，通过三维空间中的动态几何演变进行离散工艺信息的集成与附着，并以工序工步的节点变化为时间轴进行工艺串联，最终形成了"三维实体几何＋工艺数据集"的施工工艺信息流表达方式。

第四节 三维数字化施工工艺流程表达方案

基于 MBD 技术实现建筑产品施工工艺流程的三维数字化表达，首先，需要构建施工工艺设计模型，该施工工艺设计模型采用建筑领域使用最为广泛的 BIM 技术进行创建和输出，主要包含设计阶段的几何信息和部分工艺特征信息；其次，基于本体理论对施工过程中的各类工艺信息进行结构化处理、参数化管理和格式化输出；再次，基于 MBD 技术将工艺信息集成在设计模型输出的三维几何模型中，形成 MBD 三维施工工艺模型的数据集合；最后，以现有工艺信息管理和表达手段为基础，融合 MBD 数据集形成施工工艺信息表达系列产品文件，以达到施工工艺标准化和工序工步质量控制的目的。基于 MBD 的三维数字化施工工艺流程表达的总体方案如图 1.4.1 所示，其中工艺路线和工序工步排布来源于建筑产品工艺设计与规划阶段，为施工工艺设计模型和施工工艺信息模型的构建与管理提供数据来源和创建依据。

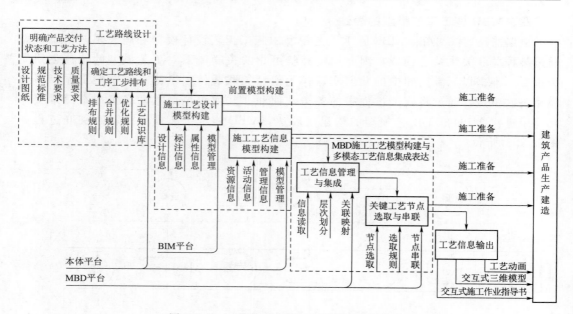

图 1.4.1 三维数字化施工工艺流程表达方案

第二章 基于 BIM 技术的施工工艺设计模型

施工工艺设计模型在施工工艺流程数字化表达体系中处于设计阶段的下游和建造阶段的上游，受到设计图纸、设计要求、施工资源（材料、机具）、施工环境以及建造工艺等方面的限制，任务繁杂，工作量大。一方面，基于 BIM 技术的施工工艺设计模型建模过程复杂；另一方面，施工工艺设计模型在不同工程条件下的复用性不足。

目前，常见的 BIM 模型创建过程主要分为三个阶段：模型建立，各专业协同优化，虚拟仿真漫游（可视化）。此类建模方法以碰撞检查、运维管理、精确算量、建筑分析等应用为主，并未充分考虑到建模过程的复杂性以及 BIM 模型在不同情况下的重用性。为实现施工工艺设计模型的快速创建、高效复用、有效管理，本章以模型分解结构（MBS）和工作分解结构（WBS）为主体，研究基于 BIM 技术的建筑产品施工工艺设计模型分解方法，建立施工工艺设计模型编码体系，并开发管理系统对施工工艺设计模型的数据信息进行组织和管理。

第一节 施工工艺设计模型分解

一、分解结构

模型分解结构（Model Breakdown Structure，简称 MBS）来源于产品分解结构，是产品分解结构在数字模型创建过程中的应用，指通过树状结构反映模型的各类组成部分，每类组成部分仅在树状结构中出现一次。它主要用于定义最终模型及模型的组成单元，确定模型所包含的内容和结构，是面向最终交付模型的分解方法。如房屋建筑工程项目模型，按模型结构层次可分为地基与基础工程、主体结构、建筑装饰装修、建筑屋面、建筑给水排水及供暖等分系统，分系统可进一步分解为子系统，继续向下可分解为模型构配件以及模型组成零件。

工作分解结构（Work Breakdown Structure，简称 WBS）是以项目产出物为导向对项目各类要素进行的分组活动，它把复杂项目分解为更易管理和控制的工作单元，并给出了各个工作单元之间的联系。作为建筑工程项目管理的工具，它主要针对于工程项目建设实施的过程，适用于工程项目的组织、管理、计划和控制，是进行质量、进度、成本把控的重要基础。如房屋建筑工程项目按施工阶段的流程，大层次为对工程项目的施工周期进行分解，依次分为施工准备阶段、施工阶段、竣工阶段；小层次为对各阶段工作的分解，如施工准备阶段可依次分解为工程建设项目报建、委托建设监理、招投标、施工合同签订。

二、MBS‐WBS 映射的分解模型

（一）MBS 分解模型

MBS 是根据建筑产品的设计图纸、施工资源（材料、机具）等内容编制而成，其包含了施工工艺设计模型最终成果的组成和结构，是 MBS‐WBS 映射中的重要组成部分。因此，本书将建筑产品施工工艺设计模型的 MBS 分解模型定义为一个四元组，记为

$$R_{MBS} = (P, R, A, F) \tag{2.1.1}$$

式中：P 为 MBS 节点 p_{ij} 的集合，表示相关节点在树状结构中的位置，下标表示模型零部组件的具体位置，其中 i 为模型零部组件在 MBS 中所处的层级，j 为零部组件在第 i 层所处的位置；R 为 MBS 中各节点之间的相互关系 $r^{(ij)}_{(i+1)k} = (p_{ij}, p_{(i+1)k})$ 的集合，表示 p_{ij} 与 $p_{(i+1)k}$ 之间存在层级关系，$p_{(i+1)k}$ 为 p_{ij} 的直接下级，k 为其在第 $i+1$ 层所处的位置，i、j、k 均为自然数；A 为 MBS 节点 p_{ij} 中相关属性的集合，如 p_{ij}_n 代表 MBS 节点的名称，p_{ij}_e 代表节点的编码；F 为 MBS 节点 p_{ij} 相关的关联信息集合，f_{ijk} 表示节点 p_{ij} 的第 k 个关联信息。MBS 中某一节点可记为 $R_{MBS}(p_{ij}) = (P_{ij}, R_{ij}, A_{ij}, F_{ij})$。

（二）WBS 分解模型

WBS 是根据建筑产品的建造工艺、设计要求、施工环境等内容编制而成，是以系统的原理和要求为基础，将产品建造相关工作自上而下地分解成互相关联的工作单元。从建筑产品建造工作分解的特点来看，其 WBS 是以产品为核心，按工艺流程实施具体工作分解而成的多层次结构体系。其中，层次结构、过程模型是建筑产品 WBS 的基本要素。

层次结构。准确合理的 WBS 层次结构是产品建造工作分解的关键。建筑产品 WBS 是依据产品的内在构造和建造过程的实施顺序构建的，具有显著的结构性和层次性。在复杂产品施工工艺设计模型 WBS 的编制中必须确保层次结构的合理性与准确性，以实现复杂建筑产品建模过程管理与后期参数化复用的需求。

过程模型。WBS 过程模型是 WBS 中各项工作的输入或输出。过程模型将 MBS 与 WBS 相关联，初步完成了建筑产品建造信息和建模信息的集成，使得产品建造过程中产生的各类有效信息能以过程模型的形式纳入到建模中，保证了模型创建过程的结构性和完整性，从而为施工工艺设计模型后期管理和使用奠定了基础。

基于上述特性，本书将施工工艺设计模型的 WBS 分解定义为一个四元组，记为

$$R_{WBS} = (U, R', A', F') \tag{2.1.2}$$

式中：U 为 WBS 工作单元 u_{mn} 的集合，表示建筑产品建造工作单元在整个 WBS 中所处的位置，其中 m 表示工作单元在 WBS 中所处的层次，n 表示工作单元在第 m 层所处的位置，m、n 均为自然数；R'、A'、F' 含义与 MBS 中相对应的符号含义相同，R' 为 WBS 各工作单元种相互关系的集合，A' 为 u_{mn} 中相关属性的集合，F' 为 WBS 工作单元相关的关联信息集合。WBS 中某一工作单元可记为 $R_{MBS}(u_{mn}) = (U, R'_{mn}, A'_{mn}, F'_{mn})$。

（三）通用分解模型

通用分解模型是以 MBS 和 WBS 分解模型为依据建立的分解步骤和建模活动，其主要用于指导建筑产品施工工艺设计模型的合理分解和科学构建，并通过模板的方式为同类

建筑产品施工工艺设计模型构建和分解提供结构化、标准化、可复用的方案。通用分解模型不仅实现了 MBS 和 WBS 的相互映射，也为同类别模型分解和构建提供了基础信息，可实现同类建筑产品模型分解结构和施工工艺设计模型的创建和复用，是一种具有通用特性的 WBS 分解模型。因此，本书将建筑产品施工工艺设计模型通用分解模型 CBS 结构定义为一个四元组，记为

$$R_{CBS} = (E, R'', A'', F'') \tag{2.1.3}$$

式中：E 为 CBS 工作单元 E_{pq} 的集合，表示工作单元在整个 CBS 中所处的位置，其中 p 表示工作单元在 CBS 中所处的层次，q 表示工作单元在第 p 层所处的位置，p、q 均为自然数；R'' 为各工作单元相互关系的集合；A'' 为 E_{pq} 中相关属性的集合；F'' 为 CBS 工作单元的关联信息集合。CBS 中某一工作单元可记为 $R_{CBS}(e_{pq}) = (E, R''_{pq}, A''_{pq}, F''_{pq})$。

三、施工工艺设计模型创建工作分解

采用分解结构理论细化施工工艺设计模型建模工作，按分解逻辑的不同可划分为两种形式：一种是根据建筑产品最终交付模型进行层次划分，顶层通常以产品最终交付模型为导向，底层主要为创建最终交付模型的具体内容；另一种是基于建筑产品建造过程中的工艺流程进行划分，顶层以建造工作的实际工艺流程为导向，底层则根据建造工作的具体内容进行划分。

传统 BIM 模型的创建过程主要包括参数化单元创建、面向最终交付产品的建模两个部分，虽然具有一定的结构性和适用性，但未能将施工过程中的各类工艺知识和约束融入其中，且缺乏标准化的创建流程为依据来开展建模工作。此外，BIM 模型在建立过程中，部分内容需依附于其他单元而存在，虽可单独进行建模，但整体的使用效果、工作效率和适用程度较差。如钢筋在进行建模时，可直接拾取于已建成的混凝土作为约束进行参数调整和创建。因此，在细化分解施工工艺设计模型的建模工作时，充分考虑分解结构的层次逻辑和复杂内容，将 MBS 和 WBS 进行结合使用，基本思路为：以最终交付的施工工艺设计模型为导向，以建筑产品建造工艺过程为依据，充分考虑产品建造过程中的各类要点，完成建筑产品建模分解结构的编制。

以交付模型为导向就是以 MBS 为主导对最终模型进行层层分解，将一个完整的施工工艺设计模型即总件分解为前置件、部件、组件、零件四种基本配件，并在分解过程中规定各配件的属性信息。以不含门窗洞口和构造柱的填充墙砌体为例，其分解层次依次为前置件、部件（填充墙砌体主模型、措施模型）、组件（加砌块、顶部斜砌、底部灰砂砖、定位线）、零件（梁、板、柱、加砌块、加砌块水平灰缝、加砌块竖向灰缝、三角形混凝土块、倒三角混凝土快、斜砌混凝土、斜砌砖、底部灰砂砖、灰砂砖水平灰缝、灰砂砖竖向灰缝、基准控制线、砌筑控制线、线管控制线、抹灰控制线、拉结筋、皮数杆、线锤），填充墙砌体的 MBS 分解结构如图 2.1.1 所示。

其中，总件是由前置件和各类部件构成，是完整的工艺设计模型，是最终交付的成果；前置件是上一工艺流程输出的产物，是前置工艺流程验收合格的最终交付成果，同时也是本道工艺流程的基础和开端；部件是直接构成总件的模型单元，是施工工艺设计模型中的核心配件；组件是相关零件的集合，可作为施工设计模型中的过渡部分，也可与其他零件共同形成部件；零件是组成施工工艺设计模型的最小单元，是分解结构中最底层、最

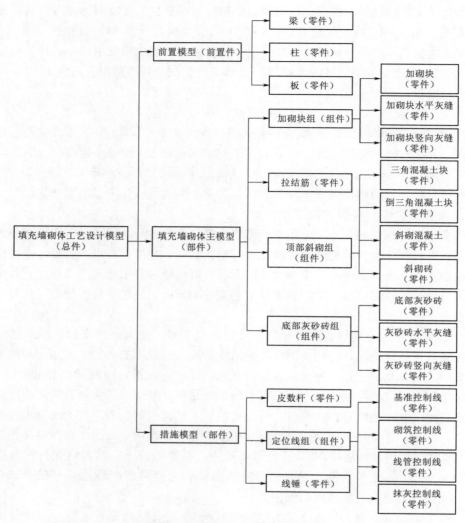

图 2.1.1　填充墙砌体的 MBS 分解结构

基本的单元。

以建筑产品建造工艺过程为依据就是以产品建造流程为辅助，根据建造工艺流程的不同阶段进行细化。以填充墙砌体工程为例，其大层次为墙砌体生产制造的全流程，可分为基层清理、测量放线、排砖摆底、墙体拉结筋植筋、挂线、立皮数杆、制备砂浆、砌块砌筑、顶部斜砌；小层次为各阶段具体工作内容，如排砖摆底可分为选择组砌方式、绘制排砖图、楼面找平、现场摆砖。

具体的施工工艺设计模型分解过程可分为三个步骤：首先，通过对建筑产品的分析，按照模型的实际组成结构编制出 MBS；其次，基于对建造工艺流程的分析，依据建筑产品实际建造过程建立 WBS；最后，以产品的 MBS 为基础，根据实际建立的 WBS 工作结构分解，分析建筑产品 MBS 和 WBS 之间的映射关系，然后基于一定的映射规则并结合实际建模情况，运用 MBS 和 WBS 构建出施工工艺设计模型的通用分解结构，如图 2.1.2

所示。其中，MBS 是施工工艺设计模型最终交付模型的体现，WBS 是产品建造工艺过程的体现，通用分解结构是两者相互映射共同作用的产物。因此，建筑产品施工工艺设计模型的建模工作分解过程实际上是 MBS - WBS 的合成映射过程。

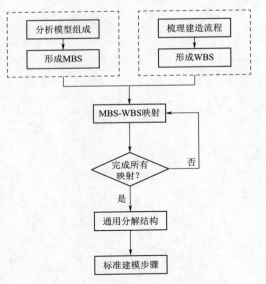

图 2.1.2　基于 MBS 和 WBS 的
施工工艺设计模型分解过程

四、MBS - WBS 的映射方法

（一）MBS - WBS 映射模型

根据集合论，当不同的非空集合由于某种法则而存在集合之间的映射时，表面两集合之间具有某种函数关系。对于 MBS - WBS 映射模型，$R_{MBS}(p_{ij})$ 为 MBS 分解模型的节点，$R_{WBS}(u_{mn})$ 为 WBS 分解模型的工作单元，两者之间存在一个映射规则 $f_{MBS\text{-}WBS}$，使得每个 $R_{MBS}(p_{ij})$ 和 $R_{WBS}(u_{mn})$ 都可以确定唯一的通用分解模型 $R_{CBS}(e_{pq})$ 相对应，记为

$$f_{MBS\text{-}WBS} : R_{MBS}(p_{ij}) \circ R_{WBS}(u_{mn}) \rightarrow R_{CBS}(e_{pq}) \tag{2.1.4}$$

式中：符号"。"为 $R_{MBS}(p_{ij})$ 和 $R_{WBS}(u_{mn})$ 的合成；i、j、m、n、p、q 均为自然数。

由于施工工艺设计模型 MBS 分解模型和 WBS 分解模型的构建具有很强的复杂性和动态性，因此 MBS - WBS 的映射具有以下特征。

分部映射。建筑产品施工工艺设计模型是由多个相互联系、相互作用、相互依存的分部结合而成，是一种具有特定使用功能的三维数字模型。其中，每一个分部又可以进一步进行细化分解为若干组成部分，这些组成部分的属性、参数等来自产品建造信息和建造流程。因此，复杂建筑产品施工工艺设计模型 MBS 在实际映射时，需分部分组进行。如填充墙砌体由多个部件、组件和零件按一定规则组合而成，其在映射时每一个部件、组件、零件均是针对其 MBS 相应的层级来进行映射。

分阶段映射。与一般的产品不同，建筑产品具有单件性、离散性、随机性、复杂性等特点，其建造过程由多个阶段组成，各阶段都以上一阶段为基础进行展开，且每个阶段所开展的工作及具体工作内容都并不相同。以梁模板建造过程为例，其工艺流程主要包括定位放线、支撑架搭设、底膜安装、侧模安装、复核尺寸位置、加固模板、模板验收等阶段，其中定位放线主要包括轴线和水平线。因此，在实际映射时需针对不同阶段进行 MBS - WBS 的映射。

图 2.1.3 展示了 MBS 与 WBS 之间的映射过程，图中节点 M_4 为 MBS 分解某个分部，工作单元 W_2 为 WBS 分解某个建造阶段，两者相互合成形成了 W_2 阶段 M_4 节点的 CBS（工作单元 $M_4 - W_2$）。结束该 CBS 后，基于该方法可对分解中的各个节点和阶段进行映射分解，并最终形成整个施工工艺设计模型的 CBS（通用分解模型）结构。

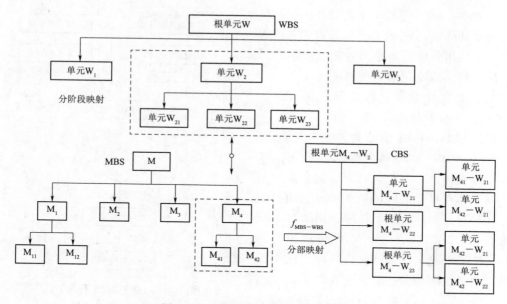

图 2.1.3 MBS 与 WBS 之间的映射

（二）MBS–WBS 映射矩阵

根据集合论相关理论，施工工艺设计模型 MBS 分解中所有节点与 WBS 分解中所有工作单元的笛卡尔积可视为 CBS 工作单元的定义域，且 CBS 所有工作单元的集合为该定义域的子集。因此，CBS 工作单元的选定需通过 MBS–WBS 的合成映射矩阵来实现，以实现定义域中相关工作单元和节点在 CBS 中显隐状态的表达。该映射矩阵通过对建筑产品建造过程和施工工艺设计模型零部组件分解的内容和结构进行判断，确定该工作单元和节点在 CBS 中所处的状态，并最终形成 MBS–WBS 的合成映射矩阵，构建的映射矩阵如图 2.1.4 所示。

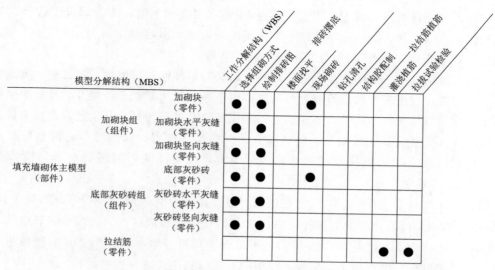

图 2.1.4 填充墙砌体施工工艺设计模型的合成映射矩阵

图 2.1.4 展示的是不含门窗洞口和构造柱填充墙砌体施工工艺设计模型部分阶段和分部的映射矩阵，空白的部分表示不发生映射，有标注的部分即为相互映射在 CBS 结构上的节点，WBS 中的部分工作单元在实际建模过程中无法显现，因此在矩阵中不发生映射。通过建立建筑产品施工工艺设计模型的 MBS 和 WBS，并建立相互之间的映射矩阵，即可实现 CBS 的快速创建。

（三）MBS－WBS 映射规则

由于 MBS 和 WBS 分解的节点和工作单元之间的相互映射具有很强的复杂性，因此 CBS 中各个单元的属性需确立相关的映射规则进行规范，映射方式主要有继承映射、变异映射和组合映射。

继承映射。继承映射指映射前后，来自 MBS 和 WBS 中的相关属性信息不发生变化，直接继承到 CBS 中进行使用。如 MBS 和 WBS 中的关联信息集合就可直接进行映射，其相关信息和数据不发生变化。

变异映射。MBS－WBS 之间的变异映射主要指映射发生后，CBS 的属性信息可在 MBS 和 WBS 相关属性的基础上进行某些变化。如 WBS 中的部分工作单元及属性在产品实际建模过程中并不需要，通过变异映射后就可以在 CBS 中去除。

组合映射。组合映射主要指 MBS－WBS 映射发生前后，CBS 相关工作属性由 MBS 节点和 WBS 工作阶段的属性经过聚合处理而形成，是模型分解映射的重要方法，多数关键属性均是通过组合映射从 MBS 和 WBS 分解中进行获取的。以独立柱施工工艺设计模型为例，其 MBS 分解零件钢筋可与 WBS 中工作单元中钢筋布置和绑扎方式进行聚合，从而形成 CBS 钢筋绑扎工作单元，为施工工艺设计模型钢筋模块建模和分解提供方法。

第二节 施工工艺设计模型信息分类与编码

与传统 BIM 模型的创建的角度不同，本书提出的施工工艺设计模型从施工角度出发，注重于 BIM 模型与建筑产品实际建造过程的相符性。因此，BIM 模型的组成单元应在前述构建的 MBS 和 WBS 的基础上，依据建造工序工步涉及的各类工作单元进行细化拆分，即按零件级模型单元进行分解，准确还原建筑产品的施工工艺过程。

一、分类原则与方法

分类主要指按照种类、等级或性质等进行分别归类，是对抽象或具体实体进行分组的过程，其主要目的是将具有不同特性的对象进行有效区分。因此，采用统一的分类体系可以规整与关联不同数据与结构，进而实现全过程多维信息的集成与使用。

信息分类需遵循科学性、系统性、兼容性、可扩展性和综合实用性的原则，并按一定的准则和方法进行组织和管理。当前国内外信息分类与编码主要采用线分类法、面分类法和混合分类法。其中线分类法主要根据选定的特征和相关属性对象进行合理分类和展开，是一个具有层次逻辑的分类体系；面分类法又称组配分类法，是根据选定的分类对象的相关属性或不同特征划分为不相干的属性面，并且不同属性面又可分为相互独立的新类目，该分类方法是一种基于网状结构的分类体系；混合分类法是线分类法和面分类法的有机结合，该方法以其中一种分类方法作为主要分类方式，另一种分类方法为辅助和补充。三种分类方法在进行选定和使用时，需要遵守一定的原则，相关原则和分类方法之间的优缺点如表 2.2.1 所示。

表 2.2.1　　　　　　　　　　信息分类方法的原则和优缺点

分类方法	使用原则	优　点	缺　点
线分类法	(1) 由同一上位类划分形成的下位类类目的总和应与该上位类相等； (2) 类目划分时应采用同一标准；同级别类目之间不能进行重复和交叉； (3) 同位下类目之间只对应一个上位类； (4) 依次进行分类，不应发生空层或加层	(1) 层次关系明确，能准确地反映各类目之间的关系； (2) 使用便利，既适用于人工处理，又适用于计算机处理	(1) 结构适用性差，分类方式和结构确定后，很难进行扩展与调整； (2) 处理效率低，当分类层次和结构过多时，会导致分类和代码位数过于冗长，从而影响信息处理的速度
面分类法	(1) 根据分类对象的内在属性或本质特性进行面的选择；不同面内的类之间不能进行交叉和重复； (2) 面的选取以及体系内位置的确定，应严格根据需求进行确定	(1) 分类方式灵活多元，具有很强的弹性和扩展性； (2) 适应性强，可根据实际需要对任何类目进行划分	(1) 难以采用人工方式相关信息进行有效处理； (2) 分类和组配过程中可能会产生没有实际意义的分类对象
混合分类法	以一种分类方法为主，另一种分类方法作为补充	(1) 充分吸收线分类法和面分类法的优点； (2) 分类体系的层次性强、弹性好、容量大	(1) 结构较为复杂，不利于进行人工处理； (2) 分类组配时需要避免交叉或者重合的情况

自建筑信息模型概念出现后，BIM 领域的分类与编码标准研究从未停止，目前主要有 ISO12006 - 2、OmniClass、Uniclass、MasterFormat、UniFormat、GB/T 51269—2017。其中，ISO12006 - 2 是国际标准化组织（ISO）于 1996 年发布的标准，该标准主要以面分类法为基础对建筑业分类体系的框架进行定义；OmniClass 和 Uniclass 以面分类法为基础将建筑的各类信息划分为不同的表格，并采用线分类法对相关表格的信息进行分类和划分；MasterFormat 和 UniFormat 主要以线分类法为基础对建筑元素进行划分；GB/T 51269—2017 即《建筑信息模型分类和编码标准》，是我国住建部于 2018 年发布的全生命周期建筑信息模型的分类与编码体系，该标准先以面分法为基础对建筑领域大类信息进行划分，后基于线分法对大类进行细化拆分。

二、编码原则与方法

信息编码指为了标识某一信息，按一定规则构建的一个或一组易于人和机器识别和使用的符号或符号串，是对编码对象统一认识、统一观点、交换信息的一种技术手段。通过赋予信息特定的代码，不仅有利于该类型信息在不同情况下的区分和识别，还可以避免命名混乱、描述不匹配等问题带来的误解和歧义，从而促进不同信息之间的关联与使用。

在进行信息编码时应针对拟编码对象的特性和实际编码需求选取合适的代码形式，且在编码时应遵守唯一性、不变性、稳定性、合理性、可扩充性、简单性、适用性、规范性的原则。其中，唯一性、稳定性和不变性是信息编码过程中必须遵守的原则和具备的特征。此外，采用不同的编码方法会产生不一样的代码类型，信息编码中常见的编码类型如图 2.2.1 所示。本书研究的编码方法主要涉及层次码、并置码和复合码。

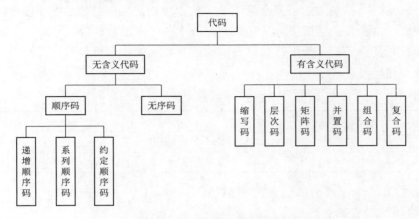

图 2.2.1　编码的类型划分

层次码是线分类体系中常用的编码方法，它以编码对象的逻辑递进、从属关系作为编码排列顺序的基础，按编码对象的层次逻辑进行分类的一种代码。对于编码对象来讲，排列顺序可以是按材质、规格、工艺、样式、用途、外观、功能等属性信息来进行排列。在进行相关对象的编码时，代码应根据结构层次的逻辑关系划分成对应层级，并按代码从左到右、层次由高到低的基本原则进行表示。此外，层次码每个层级的代码均可采用顺序码进行表示和使用。我国的国民经济行业就是采用层次编码的方法进行设置，该方法将经济相关的各类活动划分为门类、大类、中类顺序和小类顺序等四级层次代码，国民经济行业层次码结构如图 2.2.2 所示。

并置码是由多个代码段组合而成的复合代码，不同的代码段对应编码对象的不同特性，且特性之间相互独

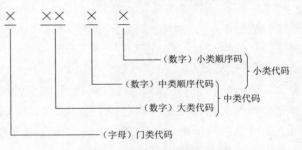

图 2.2.2　国民经济行业层次码结构

立。并置的复合代码可以是任意类型代码（层次码、缩写码、矩阵码、顺序码等）的组合，适用于同时具有多种特性的编码对象。例如，钢筋可以选用力学性能、钢筋直径、生产工艺、轧制外形、受力情况五个面进行编码和扩展，如表 2.2.2 所示。

表 2.2.2　　　　　　　　　　　　　　钢 筋 的 并 置 码 编 码

第一面	第二面	第三面	第四面	第五面
1—Ⅰ级钢筋	1—$\phi 6$	1—热轧	1—光圆	1—受压
2—Ⅱ级钢筋	2—$\phi 8$	2—冷轧	2—带肋	2—受拉
3—Ⅲ级钢筋	3—$\phi 10$	3—冷拉	3—扭转	3—分布

复合码是由两个或两个以上内容完整、相互独立的代码组成，具有组成代码相同的性质和特点，它可以是层次码和并置码的结合，也可以是层次码、组合码和顺序码的融合。相比于一般的编码，虽然增加了复合编码的多重性和复杂性，但是可以处理单独编码时无法解决的问题，对于复杂情况更具适用性。如表 2.2.3 所示，复合代码可表示为层级＋标识部分的形式，其中一部分为层级代码表示编码对象所处的层级，另一部分为标识代码表示编码对象的标识号。

表 2.2.3　　　　　　　　　　复合码的形式示例

产品名称	层　级	标识部分	产品名称	层　级	标识部分
矩形柱	1	230	异形梁	2	232
矩形梁	2	231	直形墙	3	233

三、施工工艺设计模型的信息分类编码

（一）编码编制依据

本书所研究的施工工艺设计模型编码以 GB/T 51269—2017《建筑信息模型分类和编码标准》为编制基础，遵循该标准的面分大类和基本信息，依据信息分类和编码的基本原则与方法，在满足该标准扩充和 GB/T 7027—2002《信息分类和编码的基本原则与方法》的原则下，对该标准未涉及的内容进行合理扩展与使用。

建筑产品施工工艺设计模型来源于设计阶段和施工阶段，力求在数字空间中对建造过程进行重现和使用，因此施工工艺设计模型的编码不仅涉及不同部位施工过程中常见的工艺信息，还涉及质量等方面的内容。其中，工艺信息主要来源于常见的技术交底文件、施工工艺流程图、质量验收规范、技术规程等；质量信息主要来源于国家或地方规定的施工质量验收标准。

（二）编码结构

编码的结构主要由两部分组成，第一部分为 GB/T 51269—2017 中的编码结构，第二部分为融入工艺和质量信息的编码结构，两者基于复合码的相关原则和方法进行复合使用。如图 2.2.3 所示，第一部分由表代码和细分多级代码组成，第二部分由属性扩展代码和建筑产品施工工艺代码组成。

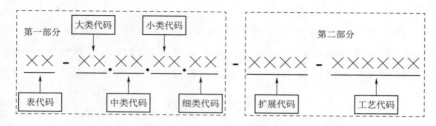

图 2.2.3　施工工艺设计模型分类编码结构

1. 第一部分代码

该部分代码来源于 GB/T 51269—2017，采用该标准的编码结构和编码形式。其中，表代码采用 2 位数字进行表示；大类、中类、小类代码采用 6 位数字进行表示，每类代码

均为 2 位，未涉及的层级代码采用赋 "0" 的方式进行补齐；细类代码包含 8 位数字，是小类代码的延续和补充。

施工工艺设计模型以设计阶段的设计图纸作为建模的基准，以施工阶段的工艺过程作为建模的辅助，将建筑实体实际建造过程在三维空间中进行精确复现。工艺设计模型的创建必须细化到 4.0 级模型精细度（level of model definition 4.0，简称 LOD4.0），将施工过程中的几何和非几何辅助措施表达出来，因此施工工艺设计模型的分类与编码也必须细化到最小模型单元（零件级模型单元）。

GB/T 51269—2017 中的分类和编码对象较为庞杂，仅将编码延伸到构件级模型单元，并未涵盖施工过程中的辅助信息，基于此本书拟采用线分类法对表代码划分的大类内容进行细化补充。以填充墙砌体工程为例，MBS-WBS 映射分解中的皮数杆、线锤和定位线在 GB/T 51269—2017 中并未涉及，部分分类（元素、工作成果、建筑产品、工具、属性）需根据实际情况和需求对该标准进行合理扩充，其余分类均使用标准代码，编码扩充示例如表 2.2.4 所示。

表 2.2.4 填充墙砌体辅助工艺工具分类编码表

编　码	第一级	第二级	第三级	第四级
32-05.00.00	辅助工艺工具	—	—	—
32-05.05.00	—	砌体工具	—	—
32-05.05.05	—	—	定位线	—
32-05.05.05.05	—	—	—	基准控制线
32-05.05.05.10	—	—	—	砌筑控制线
32-05.05.05.15	—	—	—	线管控制线
32-05.05.05.20	—	—	—	抹灰控制线
32-05.05.10	—	—	皮数杆	—
32-05.05.15	—	—	线锤	—

2. 第二部分代码

该部分代码主要来源于建筑产品施工工艺顺序、建模顺序、施工质量验收标准，充分展现建筑产品的工艺特性和质量要点，不仅便于工艺信息表达阶段对施工工艺设计模型不同工艺阶段的提取和使用，还有利于施工工艺设计模型和施工工艺信息模型的组织和集成。

扩展代码是第一部分代码的扩充，是区分具有不同属性特征（空间位置、施工顺序等）的同类单元的重要代码，其主要由四到六位数字组成，表示不同单元在模型中所处的状态，例如 "30-02.10.20.10-01.02" 表示 "第一层砖砌体中的第二块普通砖"。

工艺代码基于 MB-WBS 分解的建筑产品施工工艺顺序进行编码，涵盖工艺过程中的实体和非实体信息。该代码由六位数字组成，每两位数字代表一个层级，未涉及到的层级采用赋 "0" 的方式进行补齐，编码示例如表 2.2.5 所示。

表 2.2.5　　　　　　　　　填充墙砌体部分工艺顺序分类编码表

编 码 对 象	第 一 级	第 二 级
填充墙砌体	基层清理 （10）	主体结构验收合格 （10） 清扫浮灰 （20） 浇水湿润 （30）
	测量放线 （20）	基准控制线 （10） 砌筑控制线 （20） 线管定位线 （30） 抹灰控制线 （40）
	排砖摆底 （30）	选择组砌方式 （10） 绘制排砖图 （20） 楼面找平 （30） 现场摆砖 （40）
	拉结筋植筋 （40）	钻孔、清孔 （10） 结构胶配制 （20） 灌浇、植筋 （30） 拉拔试验检验 （40）

（三）分类和编码的作用

作为施工工艺信息表达的重要基础，施工工艺设计模型信息分类与编码应在创建时满足参数化、结构化、高效复用的要求，在使用时满足对应阶段的相关需求，施工工艺设计模型分类与编码的主要作用如下：

（1）是快速识别工艺信息处理和工艺信息表达几何主体的重要手段。

对施工工艺设计模型的各类组成部分进行细化分类和编码，是几何工艺模型与非几何工艺信息关联的重要一步，几何主体的标准化、结构化、参数化是施工工艺信息表达后续阶段的重要前提。该类编码不仅可快速并唯一识别不同工艺阶段对应的几何模型，还为非几何工艺信息的快速附着和高效表达提供载体，为施工工艺信息表达阶段的几何信息和非几何信息集成提供坚实基础。此外，统一的数字编码有利于提高施工工艺信息表达工作参与者对模型识别、处理和使用方面的高效性和准确性。

（2）是施工工艺设计模型高效管理和管理平台构建的重要基础。

同类别施工工艺设计模型的"组织方式"相同，即具有相似的建造过程、建模方式和局部代码，可通过设置筛选条件快速调取对应工艺阶段的几何模型和代码并进行参数化修改，不仅轻松实现同类别施工工艺设计模型的快速创建和高效复用，还可根据不同的管理需求（质量、成本等）进行调整和使用。此外，数字编码是每一个组成单元的独有 ID，不但独立区分各个模型单元，而且为不同模型单元的组织管理以及模型单元信息管理平台的创建提供基础。

第三节　施工工艺设计模型管理系统

前文提出了施工工艺设计模型的分解和编码方法，为基于的 BIM 施工工艺设计模型管理系统的开发与使用提供了理论基础和技术准备。本节从 BIM 领域主流平台 Autodesk Revit 的模型创建过程出发，结合模型数据管理和可视复用两个方面的需求构建系统功能和整体架构，并通过 Revit 二次开发技术实现系统的初步建立和有效管理。

一、施工工艺设计模型的创建与管理

（一）参数化单元创建

1. 族的参数规划和命名

创建施工工艺设计模型应先根据工艺路线设计阶段形成的工艺内容，对建筑产品三维模型的组成结构和种类数量等进行系统分解，然后在 Revit 平台中进行模型分解结构中的参数化单元创建。其中，Revit 平台中所有个性定制或关联调用的参数化单元均是基于族开展的，族在 Revit 中表示属性或使用方式相同的某一类图元合集，其是具有相同几何形状、属性信息、功能特性的共性关系集合；族的参数化单元创建是指利用几何关系、计算规则和关联属性等约束条件，使得族的参数值发生变化时，关联对象根据设置的参数规则自适应判断并修改关联对象的几何形状和相关信息，如参数化族的尺寸标注发生变化后，其对应的几何形体也发生相应变化。此外，参数化单元创建时需遵循相同的命名规则，保持与模型分解结构的一致性，从分解结构的零件级单元进行展开，以充分表述模型单元特征（材质属性、使用功能、尺寸规格等）为准则。

2. 族的参数设置

确定施工工艺设计模型组成单元即族的规划与命名后，对参数化单元的几何参数和非几何参数进行参数设置，其主要包括几何信息参数、材质属性参数、定位基准参数、生产检验参数、组件代码等内容。以 Revit 平台中的导墙斜撑族为例，其参数设置主要包括几何参数和非几何参数两个部分，如表 2.3.1 所示。

表 2.3.1   导墙斜撑族的参数设置

参数属性	参数名称	参数类型	参数分组方式	参数单位	参数类型
几何参数	钢管厚度	实例参数	尺寸标注	mm	长度
	钢管外径			mm	
	钢管内径			mm	
	钢管长度			mm	
	钢管水平夹角			(°)	角度
	斜撑长度			mm	长度
	斜撑底座水平夹角			(°)	角度
非几何参数	材质	类型参数	材质和装饰	—	材质
	型号		标识数据	—	文字
	制造商			—	

建筑产品建造过程中需对原材料或零组件等进行加工处理，以符合施工现场的实际使用需求，因此对族单元的参数化创建应充分考虑其加工特点。如导墙斜撑需根据实际环境进行现场调整，故设置钢管的外径为 48mm，钢管厚度锁定为 3.5mm，斜撑长度、钢管长度、钢管和斜撑底座水平夹角等均可在相关范围内进行调整，如图 2.3.1 所示。

（二）面向施工过程的建模

施工工艺设计模型的模型结构分解和参数化单元创建完成后，需充分考虑工作分解阶段形成的建造工艺流程，依据前述模型分解结构和分类编码逻辑进行组合映射和集成建模，最终形成面向施工过程的施工工艺设计模型。其中，面向施工过程的组合映射和集成建模主要包括前置环境、辅助工艺内容、关键工艺节点、工艺细部做法等内容，以充分表现工艺设计模型随工艺节点而演化的过程。

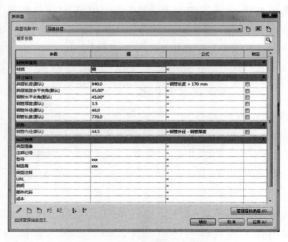

图 2.3.1　导墙斜撑族参数设置

1. 前置环境的创建

前置环境是上一工艺流程输出的最终产品状态，也是本项工艺流程输入内容，是建筑产品各项工艺操作的起始点。前置环境应是前述施工工艺流程验收合格后的状态模型，如填充墙砌体工程的前置环境为主体结构验收合格，因此在创建填充墙砌体模型时应根据施工图纸创建梁板柱等前置环境模型，如图 2.3.2 所示。

2. 辅助工艺内容的建模

辅助工艺内容指在施工过程中为了实现某些设计要求，所进行的辅助施工的措施类操作，是完整表达施工工艺流程的重要组成部分。例如填充墙砌体工程在砌筑时，砌筑层高、砌块皮数和构件安装位置都是通过皮数杆进行控制的，垂直度和水平度是通过设置垂直线和水平线进行控制的，如图 2.3.3 所示。

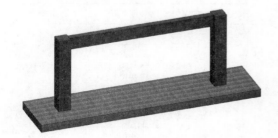

图 2.3.2　填充墙砌体工程前置环境建模

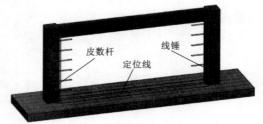

图 2.3.3　填充墙砌体辅助工艺内容建模

图 2.3.4　填充墙砌体灰缝控制节点建模　单位：mm

3. 关键工艺节点建模

关键工艺节点是设计图纸中关键部位的构造要求和施工质量控制要点的体现，来源于设计和质量验收规范中的强制性规范，建模时必须严格按照相关要求进行创建。例如在填充墙砌体施工工艺流程中，砖块之间的灰缝厚度应按照 GB 50203—2019《砌体结构工程施工质量验收规范》中的要求，即水平和竖向灰缝的厚度不应超过 15mm，如图 2.3.4

所示。

4. 工艺细部做法建模

工艺细部做法是指为保证产品工艺质量、成本和观感等而进行的施工操作，其在行业规则中没有明确规定，属于企业或行业间的经验积累。例如，构造柱在模板安装前，应沿着构造柱的马牙槎边缘铺贴海绵条或胶条，使构造柱模板与砌体墙面连接紧实，以减少混凝土浇筑过程中产生的漏浆现象，如图 2.3.5 所示。

二、管理系统功能规划与架构设计

（一）设计原则

为满足施工工艺设计模型的创建、使用、管理等方面的需求，施工工艺设计模型管理系统的功能规划和架构设计应遵循以下原则。

（1）实用性原则：基于 BIM 技术的施工工艺设计模型管理系统应从模型管理的实际需求出发，对组成模型的参数化族单元和创建完成的施工工艺设计模型进行有效管理和参数调用，解决施工工艺设计模型创建过程复杂、参数化复用困难等问题，提高模型创建效率，加强模型的有效存储和高效管理。

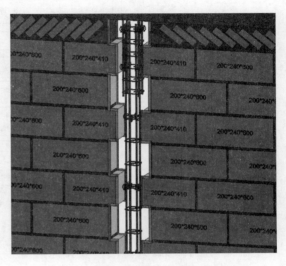

图 2.3.5 填充墙砌体工艺细部做法建模

（2）开放性原则：为达到施工工艺全流程的表达与管理，施工工艺设计模型管理系统应具有一定的开放性，以实现模型信息之间的共享和流动。

（3）集成性原则：系统在实际运行时需要存储几何信息、属性信息等结构化和非结构化数据，因此在系统开发必须对相关数据进行集成管理，以满足模型数据存储和使用的需求。

（4）统一性原则：系统开发时必须从全局出发，在数据管理、端口使用等方面采用统一的编码规范和标准，确保模型管理系统在功能结构的连贯一致。

（二）系统架构设计

基于上述系统设计原则和统一的系统编码标准，本书将施工工艺设计模型管理系统分为外部接入层、功能应用层、系统功能层和基础架构层，系统总体架构如图 2.3.6 所示。

外部接入层：系统的开发环境采用 Autodesk 公司的 Revit2018 平台，并以插件的形式导入平台中，用户可在平台的插件模块进行模型的使用与管理。

功能应用层：功能应用层是施工工艺设计模型管理系统实际应用功能的集合，主要包括参数单元族与工艺设计模型的检索、上传和下载，以及目录管理、版本管理、属性信息获取等功能。

系统功能层：系统功能层是施工工艺设计模型管理系统的重要组成部分，其主要包括用户管理、权限管理、加密管理、分类与检索等功能，用于系统用户和数据等相关内容的

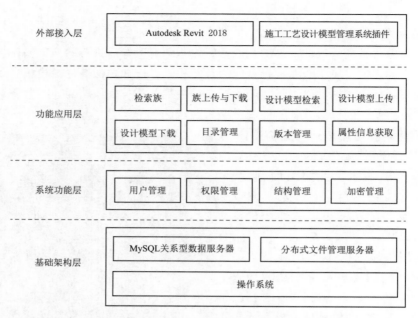

图 2.3.6 施工工艺设计模型管理系统总体架构

查询与管理。

基础架构层：基础架构层主要用于存储系统中的各类数据，其中结构化数据采用 MySQL 关系型数据服务器进行存储，主要包括系统用户信息、参数化族与施工工艺设计模型的属性信息等内容；非结构化数据采用分布式文件管理服务器进行存储，主要包括参数化族与施工工艺设计模型相关的文件与文档等内容。

（三）系统功能设计

根据上述系统总体架构和设计原则，本书开发的施工工艺设计模型管理系统将功能分为系统管理、系统应用、数据管理三个模块，其中系统管理模块负责系统使用过程中的功能设置，系统应用模块负责参数化族与设计模型相关文件的上传、检索、载入与属性读取，数据管理模块负责系统数据的存储，具体的功能模块结构如图 2.3.7 所示。此外，在 Revit 平台中参数化族可导入施工工艺设计模型中进行模型创建，但两者的文件格式不同，其功能模块需分类设置和管理。

三、管理系统关键功能模块实现

（一）开发准备

系统在进行开发前需设置好软硬件的开发环境，具体如下：

（1）选用 BIM 领域平台——Autodesk Revit2018 版本软件。

（2）选择支持 .NETFramework 4.0 开发框架的 Visual Studio 2019 作为系统开发平台。

（3）选择面向对象的开发语言 C♯ 作为系统编程语言。

（4）确定 Intel（R）Core（TM）i5 - 8600K、NVIDIA GeForce RTX1060 为硬件开发环境。

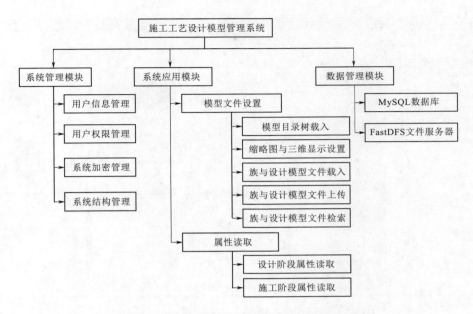

图 2.3.7　施工工艺设计模型管理系统功能模块

（5）配置 Addin Manager 外部工具，用于加载 Revit 平台中的外部插件，使得用户不用重启 Revit 就可实现代码的运行和测试。

（二）功能模块代码实现

管理系统主要针对施工工艺表达过程中的施工工艺设计模型结构化管理与参数化复用，因此本书针对局域范围内的模型创建和使用需求，开发了分类、缩略图显示、检索、载入、三维预览等功能模块。

1. 分类与缩略图显示

管理系统相关文件在存入系统时会根据树状分类逻辑进行梳理，并将存储路径记录并显示在管理系统的相应模块中，便于模型文件的查询与使用。施工工艺设计模型的最终模型涵盖面向施工过程建模的各个阶段，可通过参数设置对建模涉及的前置环境、辅助工艺内容、关键工艺节点和工艺细部做法进行调整，因此本书开发的管理系统针对创建完成的最终模型进行管理。

参数化族文件和施工工艺设计模型文件树状分类所需的系统功能相同，两者采用相同的思路和分类逻辑进行开发，按分部分项工程将常用的建筑产品模型文件划分为地基与基础工程、主体结构、屋面工程和建筑装饰装修四类，并根据实际使用需求进行细化和组合。

此外，管理系统中的相关文件均是以缩略图加文件名称的形式进行显示的，因此参数化族和设计模型文件缩略图显示功能在开发时需分为两个部分：第一部分是读取模型文件中的缩略图，第二部分是读取相关模型文件的名称。系统树状分类管理与缩略图显示功能界面如图 2.3.8 所示。

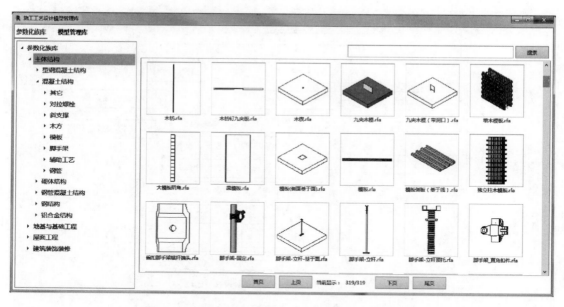

图 2.3.8　系统树状分类管理与缩略图显示功能界面

2. 检索

管理系统的检索功能在开发时共分为两个部分：第一部分是通过设置关键词的匹配规则进行文件名的匹配，第二部分是文件名匹配完成后搜索事件的发生。与上述管理系统的分类与缩略图功能相同，参数化族文件和施工工艺设计模型的检索功能也采用相同的思路进行开发，施工工艺设计模型的检索功能界面如图 2.3.9 所示。

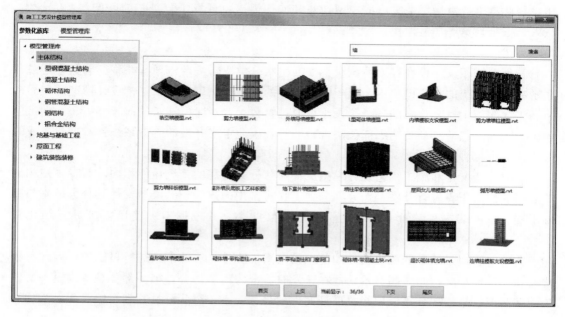

图 2.3.9　检索功能界面

3. 载入与三维预览

参数化族对应 Revit 平台中可以自由载入项目的族文件，而施工工艺设计模型对应 Revit 平台中的项目文件，两者的文件格式和使用思路不同。其中，参数化族采用载入的方式加载到项目中，而施工工艺设计模型文件为 rvt 格式，与参数族文件的 rfa 格式的载入功能不同，rvt 格式不能直接载入 Revit 中，只能通过 Revit 平台打开 rvt 格式的项目文件。因此参数化族和施工工艺设计模型虽然代码实现方式不同，但其功能模块的使用方式是相同的。

三维预览是在载入 Revit 平台前对相关文件进行三维查看，以确定该文件是否符合使用需求，参数化族和施工工艺设计模型虽然文件存储类型不同，但其三维预览功能的实现思路是相同的，都是通过调用 Revit 平台中的 Preview Control 控件来实现的，参数族文件载入与三维预览功能界面如图 2.3.10 所示。

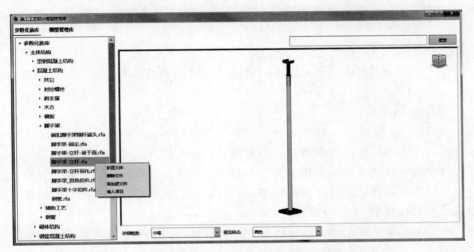

图 2.3.10   参数化族文件载入与三维预览功能界面

第四节   本 章 小 结

本章主要研究了施工工艺设计模型的结构分解、信息分类编码、模型创建与管理方法。首先，通过分析分解结构理论的相关概念，提出一种基于模型分解结构和工作分解结构的施工工艺设计模型映射分解方法；其次，根据信息分类和 BIM 模型的编码逻辑，建立施工工艺设计模型的信息分类编码体系；最后，基于模型分解方法和信息分类编码体系形成。

第三章　基于本体理论的施工工艺信息模型

前文从建筑产品的最小建造单元入手，研究基于 BIM 技术的施工工艺设计模型构建和管理方法，实现了施工工艺设计模型的快速创建、高效复用和有效管理，为基于 MBD 技术的施工工艺信息表达提供基础。本章从施工工艺信息模型的约束条件和关联关系出发，充分考虑施工工艺信息的多样性和复杂性，结合本体理论研究施工工艺信息的复用和管理，形成施工工艺信息本体模型的构建原则和建模方法，并运用 SWRL 规则和 SQWRL 语言对施工工艺信息本体模型进行知识推理和查询。

第一节　本体理论基础及构建方法

一、本体的概念

本体（Ontology）起源于哲学领域，主要用于描述客观事物的抽象本质，是一门探究客观事物及其本质和规律的哲学理论。随着现代信息技术和人工智能的迅速发展，本体不再局限于哲学领域范畴，普遍运用于知识工程、信息检索、软件工程、语义识别、数据库理论、信息架构等领域，其目标是捕捉相关领域知识，确定该领域内的共同理解，以实现领域知识的重用和共享。

对于不同领域本体的定义，国内外专家学者有着不同理解，至今尚无明确定论。目前使用最为广泛的本体定义，由美国斯坦福大学 Gruber 等于 1993 年提出"本体是概念化的明确规范说明"，由德国卡尔斯鲁厄大学 Studer 和 Benjamins 等于 1998 年进行扩展"本体是共享概念模型的明确的形式化规范说明"。除上述被广泛认可的定义外，还有很多不同领域不同角度的定义，但其本质上都是一样的，都把本体作为领域内部不同主体沟通交流的一种语义基础，都认为本体包含四层含义：概念模型（Conceptualization）、明确（Explicit）、形式化（Formal）和共享（Share）。其中，概念模型指抽象出客观世界的相关概念；明确指明确所使用概念或知识之间的约束关系，主要包括准确提取概念和确定不同概念之间的约束关系等多个方面内容；形式化指通过特定形式进行对概念或知识进行设置与编码，使计算机或人工可识别和理解使用；共享指领域内公认的概念集合。

二、本体的分类

不同的学科领域本体除定义不同外，本体的分类侧重点也略有不同，可根据本体描述语言的形式化程度、本体的应用主题、本体研究层次和相关领域的依赖程度进行分类。

（一）根据本体描述语言的形式化程度分类

完全形式化本体：所有描述本体的术语均具有形式化的语义关系、详尽的概念定义、明确的公理和证明，且能在一定程度上证明描述的一致性和完整性等属性，如加拿大多伦多大学虚拟企业项目的企业本体。

半形式化本体：采用人工定义的形式化语言进行本体表示，如采用 Ontolingua 语言进行描述和扩展的本体。

结构非形式化本体：基于结构化或受限制的自然语言进行本体表示，以减少描述之间的二义性，如工作流管理联盟推出的工作流术语汇编。

完全非形式化本体：使用自然语言进行本体表示，整体结构较为松散，如英国爱丁堡大学企业项目中的 Enterprise Ontology 自然语言版。

（二）根据本体的应用主题分类

知识表示本体：侧重于语言描述对知识的表达能力，应用较为典型的有计算机程序之间知识交互的通用格式或标准。

通用或常识本体：关注常识或通用性知识的使用，如数量、状态、时间等常用概念，目前使用最为广泛的是 Cyc 工程开发的常识本体体系。

领域本体：描述指定领域知识的一种专门本体，该类本体以形式化的方式描述了领域内的特定概念和概念之间的相互关系，以及领域内的相关活动、基本原理、活动关系等，为领域内部的知识共享和重用提供基础，该类本体在特定领域中的应用最为广泛，主要有医学概念本体、企业本体、经济学领域本体等。

语言学本体：该类本体指关于语言、词汇的本体，应用较为典型的有美国普林斯顿大学基于认知语言学开发的英语词典（Wordnet）。

任务本体：该类本体侧重于解决问题的方法，涉及过程性的动态知识，主要用于医学诊断、逻辑判断等推理活动。

（三）根据本体研究层次和相关领域的依赖程度分类

根据本体研究层次和相关领域的依赖程度可分为顶层本体、领域本体、任务本体和应用本体，其中领域本体和任务本体已在上述分类中描述过，本段不再进行描述。

顶层本体：主要研究通用概念以及概念间的相互关系，是完全独立于特定领域的高层本体，可在较大范围内进行共享和使用。

应用本体：用于描述特定的应用，既可引用领域本体中特定的概念，又可引用任务本体中出现的概念。

三、本体的组成元素

尽管不同领域本体的分类方式多种多样，但其本质和客观规律都是相通的，均包含概念（类）、关系、函数、公理和实例五种基本元素，用数学表达式可表示为：

$$O = \{C, R, F, A, I\} \tag{3.1.1}$$

C 可表示为类（class），也可表示为概念（concepts），广义上指客观世界内任何具有某些相似特征的对象集合，狭义上指具体事物的抽象概念。其描述范围广泛，可以是某些特定状态或某一具体功能，可以是具体的实物或抽象概念。

R 表示关系（Relations），指领域内类（概念）之间的相互作用，即不同类（概念）之间的关联和约束关系。在本体的实际构建过程中，类（概念）间关系的种类繁多，应根据实际需求定义相应的关系。从使用最为广泛的语义上讲，类（概念）间的关系可分为基本关系和自定义关系两种，关系描述如表 3.1.1 所示。

表 3.1.1 类（概念）间的相互关系

语义关系	关系类型	关 系 描 述
基本关系	Part_of	局部与整体之间的关系
	Kind_of	类（概念）间的继承关系
	Instance_of	类（概念）与实例之间的关系
	Attribute_of	类（概念）间的属性关系
自定义关系	—	满足实际需求而制定的关系

F 表示函数（Functions），是表述关系的一种特定表达形式，可用来反映不同类（概念）之间的映射关系。如 Father_of 就是一种函数关系，Father_of(x, y) 表示 y 是 x 的父亲。

A 表示公理（Axioms），指本体应用领域内的定理、规则等事实性描述，可对本体内的内容进行约束或限定，如气象学、物理学均属于科学的范围。

I 表示实例（Instances），指类（概念）的实际对象，如苹果是水果的一个实例。

四、本体的构建方法

构建本体是运用本体理论进行语义检索和知识推理的前提，不同学术组织和研究机构针对自身需求提出了不同的本体构建方法，其中最具借鉴意义的构建方法有骨架法、TOVE 法、Methontology 法和七步法。

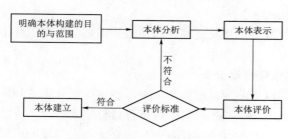

图 3.1.1 骨架法的构建流程

（一）骨架法

骨架法，又称 Uschold 法，由英国爱丁堡大学 AI 研究所提出，是企业管理过程中常用描述的集合，主要包括明确本体应用范围、本体建模（本体分析、本体表示）和本体评价几个部分，构建流程如图 3.1.1 所示。

（二）TOVE 法

TOVE 法，又称评价法，由加拿大多伦多大学 Gruninger 和 Fox 等基于商业活动研究所创建，主要用于构建商业过程和企业活动领域内的本体，包括设计动机、术语形式化、规则形式化、完备知识本体等内容，具体构建流程如图 3.1.2 所示。

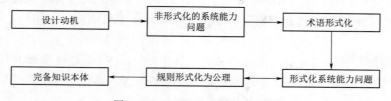

图 3.1.2 TOVE 法的构建流程

（三）Methontology 法

Methontology 法由西班牙马德里理工大学 AI 实验室提出，注重于知识层面的本体构建和管理，创建之初曾专门应用于化学领域，目前扩展到人工智能、软件工程等多个领域，构建流程如图 3.1.3 所示。该方法构建和应用阶段与建筑行业的全生命周期阶段较为类似，可从建筑前期方案设计、中期现场施工和后期运营维护三个维阶段进行构建和应用，因此该方法广泛适用于建筑行业全过程领域本体的构建。

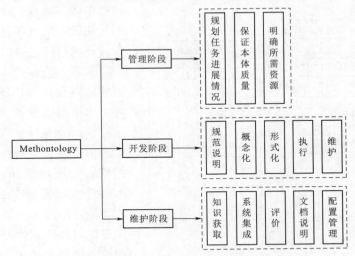

图 3.1.3　Methontology 法的构建流程

（四）七步法

七步法由美国斯坦福大学医学院提出，相较于其他本体构建方法，该方法构建的本体结构细致完善、步骤简单易懂，目前主要用于领域本体的构建，具体构建过程如下：

（1）分析所研究领域的覆盖范围，明确所构建本体适用的领域和范畴。

（2）考察现有本体的可复用性。

（3）列出本体涉及领域的重要术语。

（4）定义类（概念）之间的等级体系，定义等级体系的方法主要有自上而下发、自下而上和综合法。

（5）定义类（概念）间的属性关系。

（6）定义属性之间的关系。

（7）根据类（概念）、属性以及它们之间的关系创建实例。

第二节　施工工艺信息本体构建流程

前文所述本体构建方法中，Methontology 法重在知识层面的本体构建和管理，缺乏细节方面的描述，而七步法注重细节方面的建模操作，缺乏全面系统的评价机制和文档化功能，因此本书将 Methontology 法和七步法相结合，基于本体领域常用建模工具 Protégé，提出一种改进的七步法进行建筑产品施工工艺信息本体模型的构建，具体流程如图 3.2.1 所示。

一、明确定义和范围

施工工艺信息是连接建筑产品设计与建造的重要纽带，施工工艺信息的好坏直接影响

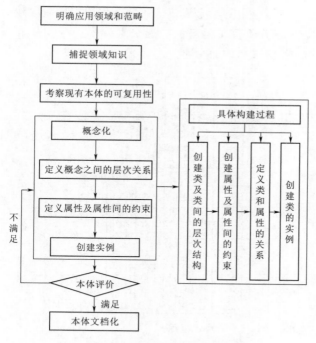

图 3.2.1　改进七步法的本体构建流程

施工工艺信息表达的质量，进而影响建筑产品建造质量、施工效率和建设成本等。本书研究的施工工艺信息本体主要应用于建筑产品建造工艺领域，重点关注形成建筑产品的各类建造工艺知识。

目前工艺相关本体在机械制造领域的研究最为广泛，而建筑领域的本体研究多数关注安全检查、质量控制、合规性审查等方面，有关工艺本体的研究较少，未在建造工艺领域发现可复用的本体。因此，本书借鉴机械制造领域工艺本体构建经验，结合第三章提出的模型分解思想，将建筑产品施工工艺信息领域本体划分为通用部分和专用部分。其中，通用部分是指用于描述某一类建筑产品建造工艺信息相关的通用知识，主要包括常用术语、规范标准等在内的描述性知识；专用部分是指面向实际施工过程的细类建筑产品建造工艺信息，主要包括施工工序、施工工步等在内过程性知识。图 3.2.2 为本书构建的建筑产品施工工艺信息本体知识模型，其中概念术语、规范标准、施工材料、施工机具构成施工工艺信息本体的通用部分，工艺路线、质量通病防治点构成施工工艺信息本体的专用部分。

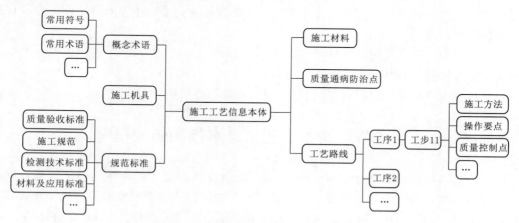

图 3.2.2　施工工艺信息本体的知识模型

通用部分和专用部分之间存在继承关系，不同类型的本体可通过对通用部分的继承，减少通用性知识的重复构建，增强本体的重用性和共享性。以砌体结构为例，砌体结构大类相关的通用性知识构成细类建筑产品工艺信息本体通用部分，砖砌体、混凝土小型空心砌块砌体、石砌体、配筋砌体、填充墙砌体等砌体结构细类建筑产品的建造工艺信息构成细类本体专用部分。

二、概念化与层次化

尽管不同类别建筑产品建造工艺信息多种多样，但其本体概念化的本质和规律都是相通的，都是对某一类建筑产品工艺信息领域相关知识进行概念提炼和描述的过程。在本体概念化阶段，需查阅并分析规范标准、施工技术交底方案、施工工艺流程、施工现场经验积累等内容，结合第三章中的模型分解方法和前文提出的知识模型体系形成与工艺信息本体有重要关系的概念和知识。

根据上述构建思路，本书以砌体结构中最为常用的填充墙砌体为例，通过定义类、属性和实例对施工工艺信息本体所涉及的知识进行概念化，涉及的部分内容如下。

（一）常用术语

填充墙砌体：框架或框剪结构中的非承重墙体，主要起围护和分隔作用。

顺砖：墙体砌筑时，条面朝外的砖，又称条砖。

丁砖：墙体砌筑时，端面朝外的砖。

植筋：以专业的结构胶粘剂将钢筋锚固于基材混凝土中。

瞎缝：砌体中相邻块体间无砌筑砂浆，又彼此接触的水平或竖向缝。

（二）有关工艺路线的知识

基层清理：墙体底层在施工前所做的清理工作。

排砖撂底：根据组砌方式在弹好墨线的基础面上进行试摆，核对门窗洞口、墙柱（垛）等处的长度尺寸是否符合模数，以便借助灰缝调整使砖的排布和砖缝厚度更加均以合理。

钢筋绑扎：构造柱钢筋的绑扎过程，亦可采取预先制好的钢筋骨架进行代替。

模板拆除：混凝土浇筑完成后经过养护达到符合拆模的强度后，将模板拆除的过程。

（三）有关施工机具的知识

皮数杆：用于控制每皮块体砌筑时的竖向尺寸以及各构件标高的标志杆。

靠尺：检查墙面平整垂直度的测量工具。

线锤：检验物体垂直度的工具。

（四）有关施工材料的知识

烧结空心砖：是以黏土、页岩或煤矸石为主要原料烧制而成，孔洞率大于35％，孔尺寸大而少，且为水平孔的主要用于非承重部位的空心砖。

蒸压加气混凝土砌块：以矿渣、粉煤灰、石灰等为主要原料，加入适量发气剂、调节剂和气泡稳定剂，经配料搅拌、浇注、静停、切割和高压蒸养等工艺过程而制成的一种多孔混凝土制品。

（五）有关质量通病防治点的知识

墙片整体性差：墙体沿灰缝产生裂缝或在外力作用下造成墙片损坏，影响墙片的整体性。

墙体连接不良：填充墙与混凝土梁、柱、墙的连接处出现裂缝。

概念化完成后对上文提炼的知识术语进行分类和归纳，以层次关系和层次化结构组织并描述填充墙砌体的各类工艺知识。图 3.2.3 以前文所述的知识模型为基础进行扩展，清

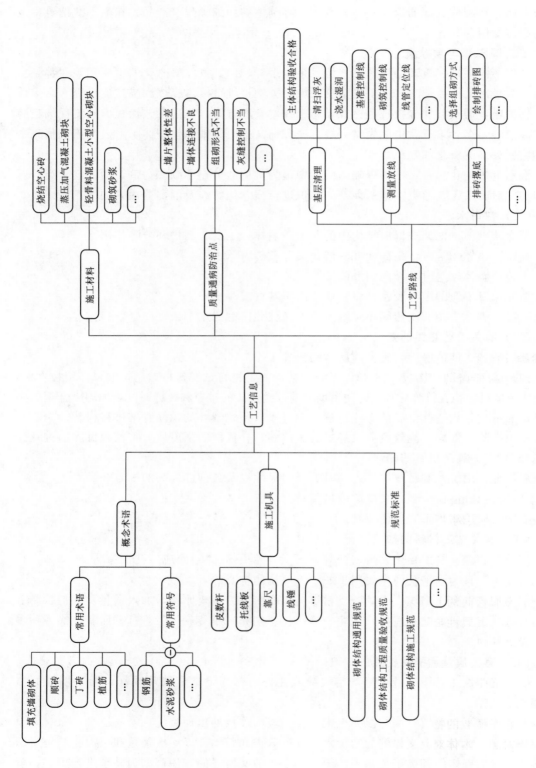

图 3.2.3 填充墙砌体施工工艺信息概念层次结构

晰地描述了各类知识术语在填充墙砌体施工工艺信息本体中的层次结构和逻辑关系。其中，"施工工艺信息"为所有层次结构的总类即第一层级，概念术语、施工材料、施工机具、规范标准、质量通病防治点、工艺路线属于第二层级，常用术语、常用符号、基层清理等属于第三层级，顺砖、丁砖、植筋等属于第四层级，每个下属层级均为上一层级的子集。

按照上述概念化知识和层次逻辑，基于本体建模工具 Protégé 5.5.0 构建填充墙砌体施工工艺信息本体。其中，Protégé 软件可兼容中文，但有时也会出现乱码和无法显示的情况，因此本书建模时部分使用英文进行类的命名，并在注解中进行中文注释，以便本体建模和后期推理使用。Protégé 中填充墙砌体工艺信息本体所有类的定义如图 3.2.4 所示，图中 Wall_component（墙体组成）、Wall_feature（墙体特征）、Target_wall（填充墙砌体）为施工工艺信息本体识别并推理墙体不同工艺路线所用，其余均为填充墙砌体工艺信息概念层次结构内的内容。

三、定义属性和约束

类与类间关系的层次逻辑构建完成后，应对工艺信息本体类的相关属性和约束进行定义。本体类的属性及约束的主要内容包括定义属性和属性的层次结构、定义属性及属性间的约束、描述类（概念）与属性之间的关系等，是进行本体推理和使用的重要基础。本体类的属性主要有对象属性（Object Properties）和数据属性（Data Properties），对象属性表示本体类之间的相互关系，数据属性描述类本身的属性，表示具体数值与本体类之间的对应关系。例如，对象属性"Has Component"将类"Target Wall"与类"Wall Component"联系起来，数据属性"Length"将实例"Infilled Wall"与"6000"联系起来。

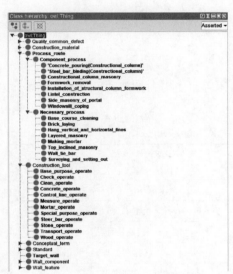

图 3.2.4 Protégé 中的填充墙砌体
施工工艺信息本体类

不同的对象属性之间也存在层次结构，主要有同级关系、从属关系和互反关系。其中，同级关系体现对象属性的层次逻辑；从属关系体现对象属性间的上下级联系，可通过设立子属性进行细化；互反关系是指存在反属性的对象属性，其属性与反属性之间存在互反关系，如类 A 通过存在反属性的对象属性与类 B 相联接，则类 B 也将通过该对象属性的反属性与类 A 相关联。在 Protégé 软件中，不仅可以定义对象属性的层次结构，还可通过定义函数性（Functional）、反函数性（Inverse Functional）、传递性（Transitive）等对象属性的属性特性，对属性作进一步的描述，如图 3.2.5 所示。

与数学函数的特性相类似，本体属性也存在定义域和值域，分别用于定义属性的主体和作用对象。本体对象属性的定义域和值域主要来源于类相关内容，数据属性的值域主要来源于具体数据。在进行属性定义时必须明确定义域和值域，并进行规范和约束，以确保

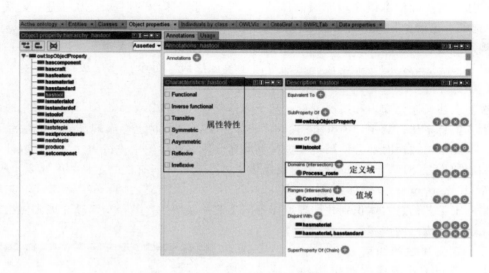

图 3.2.5　Protégé 对象属性设置界面

本体后期使用和推理的准确性。填充墙砌体施工工艺信息本体属性及相关描述如表 3.2.1 所示。

表 3.2.1　　　　　　　　　**施工工艺信息本体属性设置（部分）**

属性名称 （Property）	定义域 （Domain）	值域 （Range）
Has component（存在组件）	Target_wall（填充墙）	Wall_component（墙体组件）
Has tool（存在工具）	Process_route（工艺路线）	Construction_tool（施工机具）
Has feature（拥有特征）	Target_wall（填充墙）	Wall_feature（墙体特征）
Has standard（存在标准）	Process_route（工艺路线）	Standard（规范标准）
Has craft（存在工艺）	Target_wall（填充墙）	Process_route（工艺路线）
Has material（存在材料）	Process_route（工艺路线）	Construction_material（施工材料）
Last Procedure is（上一工序）	Formwork_removal（模板拆除）	Concrete_pouring（混凝土浇筑）
Next Procedure is（下一工步）	Making_mortar（制配砂浆）	Layered_masonry（分层砌筑）
...	...	...

　　填充墙砌体施工工艺信息本体在 Protégé 软件中的数据属性设置界面如图 3.2.6 所示。

　　对象属性和数据属性设置完成后，可在 Protégé 软件中的 OntoGraf 视图查看所构建本体中类和属性之间的层次网络结构。本书构建的填充墙砌体施工工艺信息本体的部分 OntoGraf 视图如图 3.2.7 所示。

　　四、创建实例

　　实例是本体类所描述概念的真实体现，是类的具体作用对象，是在类和属性定义完成后本体的进一步扩充与完善，如"混凝土浇筑"类具有实例"浇筑准备""浇筑振捣""混

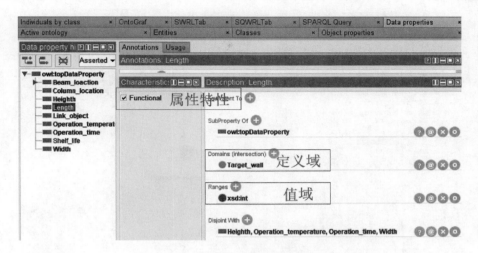

图 3.2.6　Protégé 数据属性设置界面

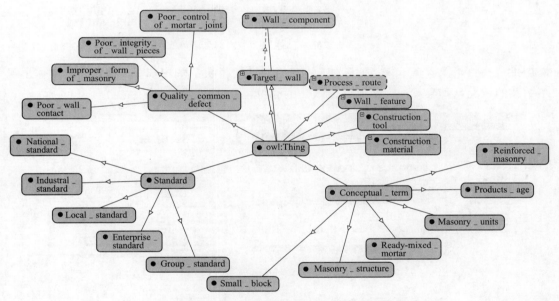

图 3.2.7　填充墙砌体施工工艺信息本体 OntoGraf 视图（部分）

凝土养护"等。图 3.2.8 给出了 Protégé 软件构建填充墙砌体施工工艺信息本体的部分实例，其中黄色部分代表本体的类间层次，紫色部分为具体的实例展示。由图中可以看出，"Wall_component"（墙体组件）类具有实例圈梁、现浇构造柱、现浇过梁、空调孔预制块、窗台卧梁等。

五、一致性评价及文档化

施工工艺信息本体构建完成后，需根据构建原则和使用标准对所构建本体的质量进行一致性评价与检查，以确保知识表示的一致性和本体推理的准确性。本书依据前文提出的本体构建方法和思路，采用美国马里兰大学提出的 Pellet 推理机对工艺信息本体语法、语义、用户自定义等进行一致性评价，并按照评价结果对本体的层次结构、属性约束和相关

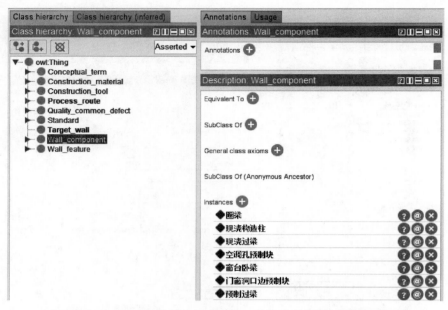

图 3.2.8　Protégé 中填充墙砌体施工工艺信息本体实例（部分）

实例进行调整，以避免本体在实际使用过程中的内部冲突。如图 3.2.9 所示，若本体出现不一致的情况，则会对冲突情况进行标红显示和解释说明。

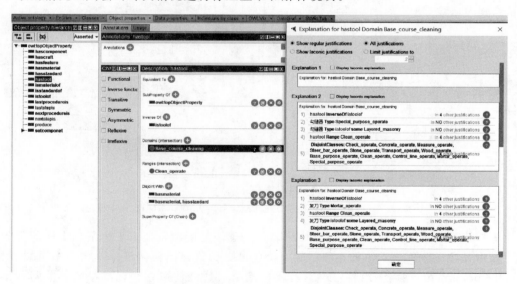

图 3.2.9　Protégé 中本体一致性检查结果

使用本体的主要目标是将知识转化为计算机可理解和识别的"语言"，因此本书在本体一致性评价完成后，将本体通过 W3C 开发的本体描述语言 OWL 进行描述和表示即文档化输出，实现本体的结构化、可视化表达，为计算机进行后续的识别与推理提供基础。基于 OWL 语言的填充墙砌体工艺信息本体结构化部分表达如下：

（1）类的层次关系和相关描述。

```
<owl:Class rdf:about="urn:absolute:ID#Base_course_cleaning">
  <rdfs:subClassOf rdf:resource="urn:absolute:ID#Necessary_process"/>
  <rdfs:subClassOf>
    <owl:Restriction>
      <owl:onProperty rdf:resource="urn:absolute:ID#produce"/>
      <owl:someValuesFrom rdf:resource="urn:absolute:ID#Target_wall"/>
    </owl:Restriction>
  </rdfs:subClassOf>
  <rdfs:subClassOf>
    <owl:Restriction>
      <owl:onProperty rdf:resource="urn:absolute:ID#nextprocedureis"/>
      <owl:allValuesFrom rdf:resource="urn:absolute:ID#Surveying_and_setting_out"/>
    </owl:Restriction>
  </rdfs:subClassOf>
  <rdfs:comment>指的是墙体底层在将要施工前做的清理工作</rdfs:comment>
  </owl:Class>
```

（2）对象属性的层次结构和应用范围定义。

```
<owl:ObjectProperty rdf:about="urn:absolute:ID#hastool">
    <rdfs:subPropertyOf rdf:resource="#topObjectProperty"/>
    <owl:inverseOf rdf:resource="urn:absolute:ID#istoolof"/>
    <rdfs:domain rdf:resource="urn:absolute:ID#Process_route"/>
    <rdfs:range rdf:resource="#Construction_tool"/>
</owl:ObjectProperty>
```

（3）数据属性的层次结构和应用范围定义。

```
<owl:DatatypeProperty rdf:about="urn:absolute:ID#Length">
  <rdfs:subPropertyOf rdf:resource="http://www.w3.org/2002/07/owl#topDataProperty"/>
  <rdf:type rdf:resource="http://www.w3.org/2002/07/owl#FunctionalProperty"/>
  <rdfs:domain rdf:resource="urn:absolute:ID#Target_wall"/>
  <rdfs:range rdf:resource="http://www.w3.org/2001/XMLSchema#int"/>
</owl:DatatypeProperty>
```

（4）本体实例。

```
<owl:NamedIndividual rdf:about="urn:absolute:ID#现浇过梁">
    <rdf:type rdf:resource="urn:absolute:ID#Beam"/>
    <rdf:type rdf:resource="urn:absolute:ID#Lintel"/>
    <rdf:type rdf:resource="urn:absolute:ID#Wall_component"/>
</owl:NamedIndividual>
```

第三节 基于本体的施工工艺信息推理与查询

一、基于 SWRL 规则的施工工艺信息推理

本体构建仅能将本体模型中的显性关系表达出来，无法将隐含在内部的知识和关系挖掘出来，而基于语义规则的本体推理可弥补这方面的不足，大幅提高本体的推理和使用能力，因此本文引入本体 SWRL 规则进行施工工艺信息本体的推理。

（一）SWRL 概述

SWRL 即语义网规则描述语言，由规则标记语言 RuleML 结合 OWL 本体论演变而来，是一种以语义方式进行规则呈现的语言。SWRL 语言实现了规则与 OWL 本体的结合，弥补了 OWL 本体在推理和描述方面的不足，相较于其他推理表达方式，逻辑推理和规则表达能力更强，传递性、共享性和重用性更好。SWRL 语言结构主要包括以下几个部分。

（1）Imp：指 SWRL 语言结构中的规则部分，由 body 和 head 两部分组成，body 表规则推理的前提，head 表规则推理的结果。

（2）Atom：指 SWRL 语言结构中的限定表达式，主要有 C（x）、P（x，y）、SameAs(x,y) 和 DifferentFrom(x,y) 四种限定形式。其中，C 表示 OWL 本体中的类，x 为 C 中类的对应实例；P 为本体类的属性描述，x、y 指类所对应的实例、数值等，不能表示无实例的类，x 和 y 均通过属性 P 进行连接；SameAs(x,y) 表示 x 与 y 为相同的描述对象；DifferentFrom(x,y) 表示 x 与 y 为不同的描述对象。

（3）Variable：指类所对应的变量，该变量可表示实例，也可表示数值。

（4）Building：指 SWRL 中内置的模块化元件，可用于定义数学变换、布尔运算、字符串表达等逻辑运算内容，如 swrlb：multiply（等于）、swrlb：contains（字符串包含）等。

为便于计算机和使用人员的对规则的理解，规则在编写时变量以"?"开头，前提与结果之间使用箭头来表示推理关系，前提或结果的不同条件之间使用符号^进行连接。以 HasGrandmother 的关系推理为例：

HasFather(? x,? y) ^ HasMother(? y,? z)→HasGrandmother(? x,? z)

该规则描述的含义为：如果 y 是 x 的父亲，z 是 y 的母亲，即可得到 z 是 x 的奶奶。其中，HasFather(? x,? y)^HasMother(? y,? z) 表示推理规则的前提，HasGrandmother(? x,? z) 表示推理规则的结果，x、y、z 表示变量，HasFather、HasMother、HasGrandmother 三者均为本体中类的对象属性。

（二）SWRL 规则构建过程

在已经构建完成的施工工艺信息本体的基础上，对本体类之间的概念进行提炼，确定施工工艺信息推理涉及的相关元素，依据建造工艺信息以及形成工艺的相关原则建立本体推理规则，实现工艺路线、产品特征、工艺参数等方面的推理。根据上述构建方法，对填充墙砌体砌体施工工艺信息本体进行推理，涉及的部分推理内容如表 3.3.1 所示。

表 3.3.1　　　　　　　填充墙砌体施工工艺信息推理内容（部分）

推 理 前 提	推 理 结 果
墙体内部存在洞口，且洞口宽度大于 2000mm	洞口两侧需要设置构造柱
墙体内部存在洞口，且洞口宽度大于 300mm	洞口上方应设置过梁
墙体长度大于 4m	墙体中部应设置构造柱
墙体高度大于 3m	墙体中部应设置圈梁
独立墙体长度大于 2.5m	墙体两端应设置构造柱
砂浆制作加入添加剂	搅拌时间必须超过 180s
砂浆制作完成，且环境温度大于 30℃	砂浆使用时间不超过 2h

　　推理内容构建完成后，基于 SWRL 语言对推理规则进行构建和描述，并导入 Protégé 软件 SWRL Tab 模块中，最终形成的 SWRL 规则如下所示：

　　Rule1：Target_wall(? a) ^ pos：hascomponent(? a,? x) ^ swrlb：greaterThan(? data,2000) ^ pos：Width(? x,? data) ^ pos：Opening(? x)—> pos：setcomponent(? a,pos：洞口构造柱) ^ pos：Column_location(? x,"构造柱设置在洞口两侧")

　　Rule2：Target_wall(? a) ^ pos：hascomponent(? a,? x) ^ swrlb：greaterThan(? data,300) ^ pos：Width(? x,? data) ^ pos：Opening(? x)—> pos：setcomponent(? a,pos：现浇过梁) ^ pos：Lintel_location(? x,"过梁设置在洞口上部")

　　Rule3：Target_wall(? a) ^ pos：Length(? a,? data) ^ swrlb：greaterThan(? data,4000)—> pos：setcomponent(? a,pos：构造柱) ^ pos：Column_location(? a,"构造柱设置在墙体中部")

　　Rule4：Target_wall(? a) ^ pos：Heighth(? a,? data) ^ swrlb：greaterThan(? data,3000)—> pos：setcomponent(? a,pos：圈梁) ^ pos：Ring_beam_location(? a,"圈梁设置在墙高中部")

　　Rule5：Target_wall(? a) ^ pos：Length(? a,? data) ^ swrlb：greaterThan(? data,2500) ^ pos：Link_object(? a,"无")—> pos：setcomponent(? a,pos：构造柱) ^ pos：Column_location(? a,"构造柱设置在独立墙体两端")

　　Rule6：Making_mortar(? a) ^ pos：hasmaterial(? a,pos：添加剂)—> pos：Operation_time(? a,">=180s")

　　Rule7：Mortar(? a) ^ pos：Operation_temperature(? a,? data) ^ swrlb：greaterThan(? data,30)—> pos：Shelf_life(? a,"<=2h")

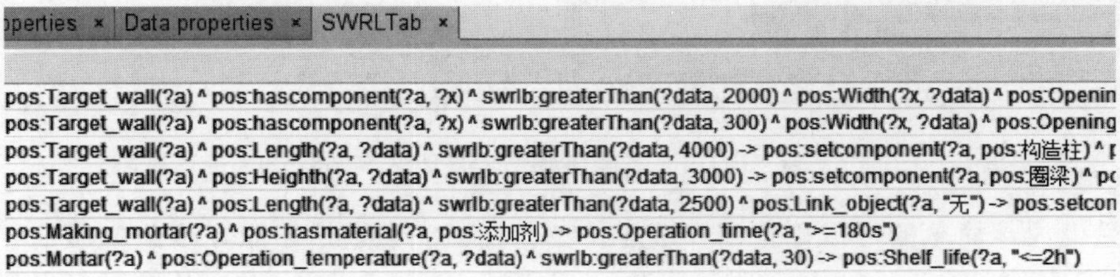

图 3.3.1　Protégé 中的 SWRL 规则

（三）基于 SWRL 规则的本体推理

　　SWRL 规则构建完成后，采用基于 Java 语言的规则推理引擎 Drools 进行工艺信息相关知识的推理，推理的具体过程如图 3.3.2 所示：首先将构建好的 SWRL 规则导入到推理引擎中，然后基于 Drools 引擎对已经构建完成的本体知识和推理规则进行转化，结合 Drools 推理引擎的 Rete 算法对转化完成的内容进行匹配推理，最后将 Drools 推理形成的结果转化为 OWL 知识，并在本体中进行显示。

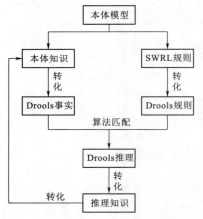

图 3.3.2　基于 Drools 推理引擎的
本体推理过程

本书所使用的 Protégé 软件自带 Drools 推理引擎，可通过软件的 SWRLTab 插件进行 SWRL 规则导入和 Drools 规则推理，前文创建的填充墙施工工艺信息本体 SWRL 规则推理过程如图 3.3.3 所示。

图中 "The transfer took 168 millisecond（s）" 表示格式转换所用时间，"Successful execution of rule engine" 表示成功执行 Drools 规则引擎，"Successfully transferred inferred axioms to OWL model" 表示成功将推理结果转换 OWL 格式（可转换为 XML 格式文件），推理形成的部分结果如图 3.3.4 所示。

二、基于 SQWRL 语言的施工工艺信息查询

（一）SQWRL 概述

由于建筑产品施工工艺信息本体组成关系复杂且

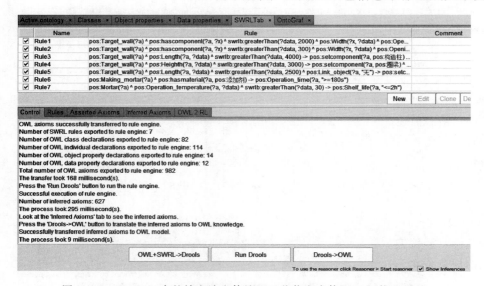

图 3.3.3　Protégé 中的填充墙砌体施工工艺信息本体 Drools 推理界面

知识体量庞大，简单的可视化查询并不能将工艺知识完整表达出来，因此本书基于本体查询语言 SQWRL（Semantic Query – enhanced Web Rule Language）构建知识查询机制，以便本体使用人员能够高效查询施工工艺信息，提升对建造工艺细节的掌握程度，从而提高建筑产品施工工艺信息表达方面的高效性和准确性，减少施工相关质量问题的发生。

SQWRL 即语义网查询增强语言，由语义网规则描述语言 SWRL 发展而来，是一种基于 OWL 的本体语义查询语言。该语言以 SWRL 规则为基础，可通过 SWRL Built – Ins（内置逻辑运算集）将本体推理规则转换为查询语句进行知识检索与查询，与其他语义网查询方法相比，知识推理表达能力更强，数据查询结果更准确。

与 SWRL 语言的编写逻辑相同，SQWRL 查询语句的规则部分对应 SWRL 规则的前提，查询部分对应 SWRL 规则的结果，以 SWRL 内置运算符 sqwrl：select 为核心，升降

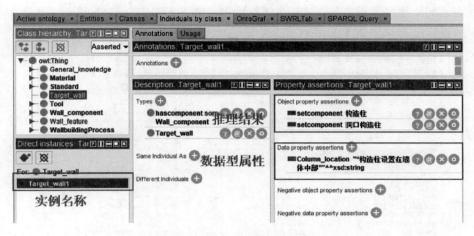

图 3.3.4 Drools 推理结果（部分）

排列（sqwrl：orderBy）、集合（sqwrl：makeSet）等运算符为辅助进行知识查询。以 Person 的身高查询为例：

$$Person(?~x)\hat{}~hasHeight(?~x,?~y)\hat{}~swrlb:greaterThan(?~y,180)$$
$$->sqwrl:select(?~x,?~y)$$

该语句查询的具体内容为：检索所有身高小于 180cm 的 Person，以及他们各自的身高。其中，箭头前述部分为 SQWRL 查询语句的规则部分，箭头后述部分 SQWRL 查询语句的查询部分，x、y、z 为变量，Person 为查询语句中的类，hasHeight 为查询语句的对象属性，swrlb：greaterThan 和 sqwrl：select 为查询语句对应的逻辑运算符。

（二）基于 SQWRL 语言的本体查询

与本体规则推理的使用场景不同，查询语句是面向使用人员的实际功能，因此本文构建的 SQWRL 查询语句以施工工艺知识查询检索和三维数字化施工工艺信息表达的实际需求为基础，涵盖工艺路线的施工参数、工艺流程、施工要点、质量控制点、质量通病防治相关的规范条文、施工机具和施工材料的使用参数等方面的内容。以填充墙砌体施工工艺信息本体的基层清理、模板拆除、拉结筋植筋等工序工步内容的知识查询为例，对施工工艺信息查询进行设置，涉及的查询语句如表 3.3.2 所示。

表 3.3.2   填充墙砌体施工工艺信息查询语句（部分）

编号	查 询 语 句	查 询 内 容
Query1	pos：Base_course_cleaning(? x)—> sqwrl：select(? x)	基层清理的施工工步
Query2	pos：Formwork_removal(? x)—> sqwrl：select(? x)	模板拆除的施工工步
Query3	pos： Process_route(? a) ˆ pos：hastool(? a,? x) ˆ pos：hsa-material(? a,? y)—> sqwrl：select(? a,? x,? y)	工艺路线中既有施工机具既有又有施工材料的工序工步
Query4	pos：Target_wall(? a) ˆ pos：Length(? a,? x) ˆ swrlb：greaterThan(? x,5000) ˆ pos：Heighth(? a,? y) ˆ swrlb：greaterThan(? y,2000)—> sqwrl：select(? a,? x,? y)	长度大于 5m，且宽度大于 2m 的填充墙体

查询语句构建完成后，导入 Protégé 软件内设的 SQWRL Tab 查询插件中，形成的查询界面和查询结果如图 3.3.5 所示。

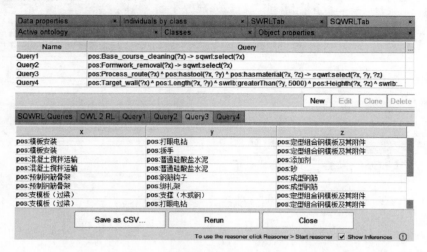

图 3.3.5　SQWRL 查询语句的运行结果

第四节　本　章　小　结

本章主要研究了施工工艺信息本体的构建方法和推理查询。首先，通过本体理论的相关概念，提出一种改进的七步法构建施工工艺信息模型本体，明确了施工工艺信息模型本体的定义和范围，分析了本体概念之间的层次逻辑和属性约束，评价了施工工艺信息本体的一致性程度，并对构建完成的本体进行文档化处理与输出；其次，运用本体推理规则 SWRL 和推理引擎 Drools 对隐含在施工工艺信息本体内部的知识和关系进行挖掘；最后，基于 SQWRL 语言建立查询语句，对施工工艺知识进行快速查询，为施工工艺信息模型的高效使用和后续施工工艺信息表达的快速创建奠定基础。

第四章 基于 MBD 的施工工艺信息表达技术和系统研究

在施工工艺信息表达过程中，通过本体理论创建和优化的建造工艺信息，需调整和完善后与施工工艺设计模型结合在一起，并以科学合理、直观明了的表达方式进行呈现。针对上述需求，本章以 MBD 技术为主体，结合前述章节方法探究建造工艺信息的完整表达，并以此为基础对 MBD 三维施工工艺表达系统的总体需求、架构设计、功能模块设计等进行深入研究。

第一节 基于 MBD 的三维施工工艺信息表达技术

一、施工工艺信息的管理与集成

建筑产品的建造工艺信息主要包括几何信息和非几何信息两部分内容，分别来自施工工艺设计模型中的几何信息和部分工艺属性信息，以及施工工艺信息模型中的建造工艺信息。这些信息离散程度高、动态性强、关联广泛，很难有效结合在一起，因此本书基于 MBD 技术下工艺信息的特点，将建筑产品建造工艺信息分为工艺信息层、工序信息层和工步信息层，以实现多维异构工艺信息的管理和使用，具体的层次结构如图 4.1.1 所示。

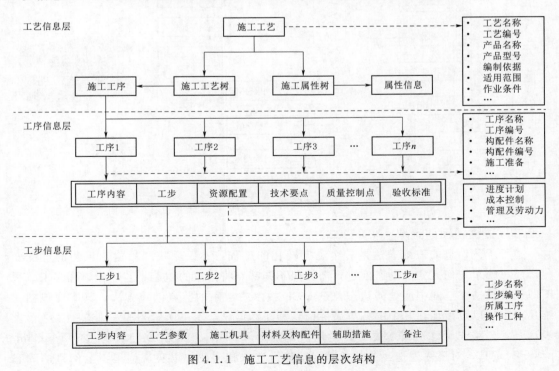

图 4.1.1 施工工艺信息的层次结构

　　MBD 技术环境下信息不能单独存在，需依附三维空间中的几何形体进行表达，故此本书提出的 MBD 施工工艺模型以施工工艺设计模型的几何实体为主要载体，通过非几何工艺信息的附着和映射来描述建造工艺信息。其中，文字图片等二维工艺信息通过属性添加或三维标注的方式与三维几何模型进行关联，尺寸标注、特殊注释等设计信息采用三维标注的方法进行表达。图 4.1.2 所示的施工工艺信息映射逻辑中，一个建造节点的施工工艺设计模型可对应一道施工工序和多个施工工步，一个施工工步可对应多个设计特征。

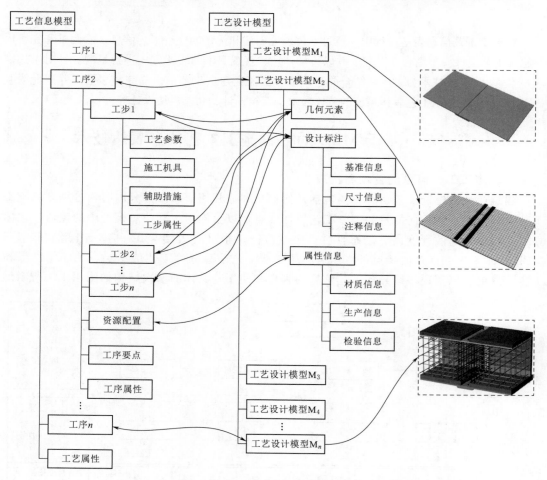

图 4.1.2　施工工艺信息的映射逻辑

二、关键视图的选取

　　施工工艺信息的三维表达是一个动态变化的过程，不仅反映产品建造工艺的过程变化，还反映了几何元素的动态演进，需按照不同节点将离散的建造工艺过程串联起来。视图即三维模型在空间中所处的状态，是 MBD 技术中常用的节点创建方法，其主要包括三维几何实体以及附加在其中的各类属性信息和注释信息。本书所研究的三维施工工艺信息表达以工艺路线、建造技术要点、质量控制点等为依据，以 MBD 领域的 CATIA Composer 为工具，对产品建造工艺的关键视图进行选取和构建，以实现施工工艺信息的动态离散表达,其遵循的主要有以下原则。

(1) 几何元素数量或类别增加时,即建造工艺流程中出现新类别几何元素或原有几何元素按照某一规则进行变化时,需根据情况创建关键视图,以反映建筑构件的增加和工序工步的动态演进。如图 4.1.3 所示,后浇带钢筋绑扎前后几何元素和类别均发生了变化。

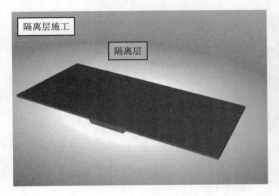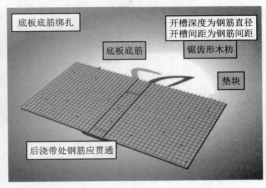

图 4.1.3 后浇带钢筋绑扎前后视图变化

(2) 几何元素数量或类别减少时,即辅助工艺部分在产品建造完成后拆除或清理时,需根据工艺变化创建关键视图,以反映工艺辅助部分的拆除和工序工步的过程变化。如图 4.1.4 所示,剪力墙浇筑前后,其辅助浇筑的模板和支撑等几何元素和类别均发生了变化。

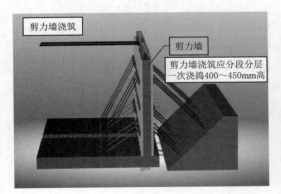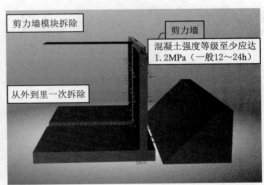

图 4.1.4 剪力墙浇筑前后视图变换

(3) 工艺过程中特别关注的工艺要点,即产品建造过程中特别关注的工艺做法、工艺节点、质量控制点、质量通病防治点等内容,需根据节点需求创建关键视图,以反映产品建造过程中的工艺要求。如图 4.1.5 所示,填充墙砌体砌筑时,门窗洞口两侧需采用不同材料的砌块进行加固。

(4) 工艺过程中可能出现的细节变化,即同类别或相同构件在不同条件下出现细部节点的工艺变化时,需根据不同创建关键视图,以反映不同环境条件下的工艺变化。如图 4.1.6 所示,导墙斜支撑在架设时,其内外侧所处的环境条件不同,内侧支撑架设在底板上,外侧支撑架设在基坑边坡上,因此内外侧需分别创建关键视图进行工艺的表达。

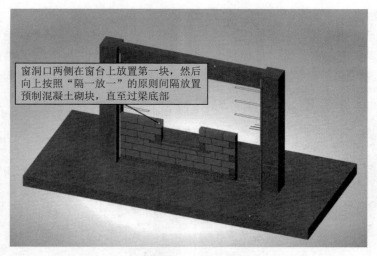

窗洞口两侧在窗台上放置第一块，然后向上按照"隔一放一"的原则间隔放置预制混凝土砌块，直至过梁底部

图 4.1.5　填充墙砌体门窗洞口两侧砌块加固视图

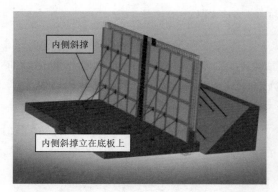

内侧斜撑

内侧斜撑立在底板上

外侧斜撑

外侧斜撑立在基坑边坡上

图 4.1.6　内外侧模板架设工艺变化

三、交互表达

不同节点的关键视图创建完成后，可通过三维视图文件对施工工艺信息进行表达，也可以关键视图为基础制作三维建造工艺演示动画和三维交互式施工作业指导书进行展示，以实现施工工艺信息的三维交互表达。

（一）工艺演示动画

工艺演示动画是为了直观表达建造过程，将建造工艺的几何关系、建造路径以及建造资源等通过三维动画进行展示。在制作建造工艺动画时采用法国达索公司的 CATIA Composer 为制作平台，以三维模型的动态变化作为展示对象，以工序工步的顺序演化为时间轴，通过关键视图中的各类要点制作脚本，确保产品建造工艺动画的准确性和完整性。其中，三维模型的动态变化除却几何元素增减外，还包括模型元素的位置变化、属性变更、视角变换、渐入渐出、特殊标记等内容；脚本的制作除却工艺要点外，还包括建造过程中需要动态呈现的工艺操作及其运动形式、动画特效和渲染要求等内容。

如图 4.1.7 所示，在填充墙砌体演示动画中，窗台压顶通过钢筋和混凝土块模型在时间轴中的渐入和位置变化进行工艺的动态展示。

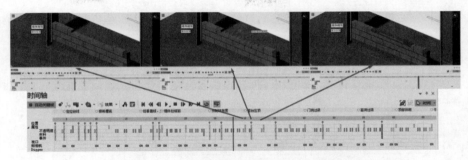

图 4.1.7　填充墙砌体中窗台压顶的动画效果

（二）三维交互式施工作业指导书

三维交互式施工作业指导书是以施工工艺信息和建造要求为数据核心，用于指导施工现场进行施工操作的技术文件，是设计信息向施工现场转变的关键环节。相较于传统的二维施工作业指导书，三维交互式施工作业指导书操作方便、使用高效，大幅度减轻使用人员在浏览指导书时的理解难度。此外，在施工工艺过程繁琐、细部节点繁多、产品结构复杂等特殊建造场景下，三维交互式施工作业指导书在工艺表述时会更加直观可靠。

在制作三维交互式施工作业指导书时，以前述三维视图和施工工艺信息为基础，采用VBA 控件调用 CATIA Composer 平台中的 ActiveX 插件进行三维交互，其主要包含施工过程中涉及的工序工步、工艺流程、技术要点、质量控制点、施工说明等详细信息，也可根据实际使用需求生成 XLS、PDF、HTML、XML、EXE 等格式的工艺文件。

如图 4.1.8 所示，在直形填充墙砌体三维交互式施工作业指导书中，左侧部分为填充墙砌体当前工序所涉及的工艺信息，用以表达施工过程中的各类要点；右侧部分为填充墙砌体所涉及的三维交互视图和演示动画，用以直观表达施工过程中的各类工艺细节。

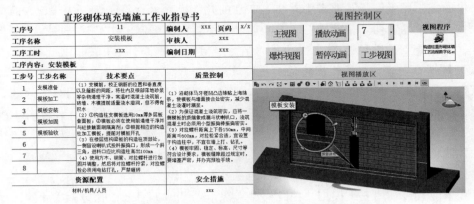

图 4.1.8　直形填充墙砌体交互式施工作业指导书（部分）

第二节　MBD 三维施工工艺信息表达系统总体需求分析

一、施工工艺信息表达流程

施工工艺信息表达联接工程建设项目的设计阶段和施工阶段，是建筑产品施工过程中必不可少且十分关键的环节之一。施工工艺信息表达的主要目标是依据设计阶段形成的二维图纸、技术要求等信息，来建立并表达建筑产品的建造工艺过程，其中主要包括施工工艺流程设计、工序工步规划、施工要点选取等内容。二维施工工艺信息表达流程如图 4.2.1 所示。

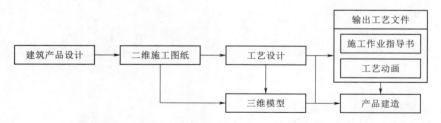

图 4.2.1　二维施工工艺信息表达流程

二维施工工艺信息表达主要是依据工艺设计与规划阶段制作的工艺文件来开展，随着信息技术的发展，该类表达方式也经历了三个阶段。其中，第一阶段采用"文字＋图片"的二维文档，该阶段以建造工艺流程图为主线，关键工序工步的施工操作要点为核心内容，辅以相应图纸和图片实例进行工艺说明；第二阶段采用"模拟动画＋二维文档"的表达方式，该阶段通过施工模拟动画来传递操作方法和施工顺序，并辅以二维工艺文档对相关要点进行说明；第三阶段采用"三维模型＋二维文档＋模拟动画"的表达方式，该阶段除却前述的二维工艺文档和模拟动画外，还将部分二维工艺信息通过三维模型进行表达和模拟优化。

市面上常见的施工工艺信息管理系统主要是以二维施工工艺信息为主，三维 BIM 模型为辅助的方式来设计工作的，该类工艺系统的主要作用方式是：工艺设计人员根据设计阶段提供的施工图纸和设计要求中对建筑产品的几何尺寸、材质属性、特征、表面粗糙度和相关技术要求的说明，依据现有工艺经验和相关规范标准制定产品建造的工艺流程、工序工步、操作要点、质量控制点等内容，在工艺系统外部形成工艺文档、模拟动画和 BIM 模型数据等内容，最后根据施工工艺目录上传并展现相关工艺。

该类系统减轻了施工工艺的理解难度，同时也解决了工艺知识管理困难的问题，在一定程度上实现了工艺信息标准化、工艺知识共享和工艺文件的快速编制。但随着工程应用和工程项目复杂程度的不断加深，二维表达方式的局限性也越发明显，主要包括表达方式单一、智能化水平低、动态性差、可复用性差、编制工作量大、出错率高等问题。具体来讲，常见的施工工艺管理系统的缺陷和不足主要有：

（1）未能直接利用三维模型。三维模型来源于二维施工图纸，其包含了建筑产品的几何尺寸、材质属性、定位基准、实体特征等信息，但工艺表达文件却是根据二维施工图纸上的信息进行创建的，而不是从三维模型中直接获取的，两者之间工作重复，且相互之间脱节严重。此外，BIM 技术创建的三维模型仅作为可视化和施工模拟的静态模型，仅能展现某一节点的模型情况，不具备动态展示的能力，具有较大的局限性。

（2）不同工艺文件之间相互脱节，工艺变更难度大。在实际的施工工艺信息表达流程中，输出的工艺文件是施工作业指导书和模拟动画，施工作业指导书基于文字图片等二维载体，模拟动画则基于三维模型，两者之间相互分离。在设计或工艺发生变更时，基于三维模型的模拟动画可重新调整生成，但二维工艺文件只能重新制作，极大地增加了制作难度和重复工作量。

（3）工艺知识存储、组织和管理困难。虽然二维施工工艺信息管理与表达系统实现了施工工艺的信息化管理，但其依旧未能有效地归纳和表达不同工程项目中长期使用的工艺经验和施工方法。例如，工序工步中涉及的施工器械、施工要点、部分辅助施工措施都是通过文字或图片的形式进行二维呈现的，很难通过三维几何实体的直观性来展现它们的内在关系，这些问题在一定程度上限制了施工工艺知识的存储、组织和管理。

（4）工序工步之间彼此独立、互不关联。施工工艺信息管理与表达系统中的工艺文件以二维图片为载体表达工序工步所要建造的部位，不同的工序工步对应不同的工艺图片，但这些二维图片之间相互脱离、各不相连，前后工序工步对应的工艺图片对应的信息无法进行动态继承。在设计图纸或建造工艺发生变更时，所有的工艺图片都需重新制作，无法根据实际需求进行动态更新。

基于上述二维施工工艺信息管理系统和施工工艺信息表达所存在的缺陷和不足，本书将制造业三维工艺设计与表达技术 MBD 引入施工工艺信息管理与表达中，该方法在二维施工工艺管理系统与表达流程的基础上充分发挥三维模型的优势，通过集成的三维模型来实现工艺信息的输入和工艺表达系列文件的制作，不仅能够实现三维模型与二维工艺信息的动态集成表达，还能将离散的工序工步与施工工艺信息串联起来，实现复杂施工工艺信息的高效管理、动态变更和快速复用。

二、基于 MBD 的三维施工工艺信息表达流程

基于 MBD 的三维施工工艺信息表达流程在传统二维施工工艺表达流程的基础上进行了改进和完善，其主要表现在摒弃了利用二维载体作为数据沟通和传递的方式，将集成的 MBD 三维实体模型作为数据传递核心贯穿施工工艺表达过程。工艺设计人员拿到二维施工图纸后，不再同以往一样重复创建工艺信息，而是依据图纸和部分工艺信息创建三维实体模型，将工艺设计、工艺规划和工艺知识中的相关非几何工艺信息根据工艺流程附着在动态三维模型中，并根据工序工步制作工艺文件实现施工工艺信息的动态表达，详细表达流程如图 4.2.2 所示。

三维施工工艺信息表达过程中，充分利用 MBD 三维模型的动态优势，将不同阶段的三维模型与对应的工序工步联系起

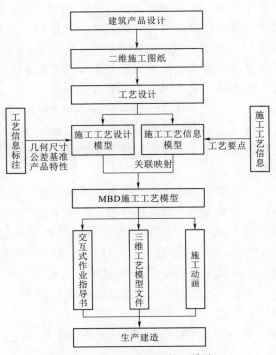

图 4.2.2　基于 MBD 的三维施工工艺信息表达流程

来，有效地解决了工序工步之间相互脱节的问题，同时形成的工艺文件也可采用 MBD 三维模型进行复用管理和动态表达。此外，不同的工艺文件之间都是基于同一三维数据源，数据传递方便直观，工艺变更时也可基于三维数据快速调整，很大程度上降低了工艺文件的制作难度和重复工作量。

综合前述二维施工工艺信息管理系统和基于 MBD 的三维施工工艺信息表达流程可以看出，基于 MBD 的三维施工工艺信息管理系统应具有工艺表达方式多样且动态直观、数智化程度高、工艺知识复用性强、工艺文件编制高效且管理方便等优点。因此，本书研究的基于 MBD 的三维工艺信息表达系统主要解决以下几个重点问题。

（1）统一数据核心快速工艺创建。以三维数字模型作为数据传递的唯一核心，将各类施工工艺信息集成在三维模型中，不仅能够快速设计并形成建筑产品的建造工艺信息，还避免了多维异构工艺文件之间的重复创建和复杂管理。

（2）全三维环境下的工艺处理与表达。二维施工工艺信息表达流程中，工艺处理往往依据过往经验和二维图片辅助的方式进行工艺信息表达，不仅很难保证建造工艺的合理性，同时施工人员也很难理解二维施工工艺。在实际建造过程中，常常因工艺不合理或理解难度大而发生返工的现象，严重影响了建筑产品的施工质量。因此，工艺处理与表达应在全三维环境下进行，在工艺处理过程中充分发挥三维空间的优势，对建造工艺进行仿真处理和三维可视化表达，确保建造工艺理解和执行过程中的高效性和易懂性。

（3）工艺数据的高效复用。不同施工环境下同类别的建筑产品建造工艺虽有所不同，但其整体上具有一定的相似性，可根据相似信息进行提取复用。二维施工工艺表达流程多数采用文字、图片的形式进行工艺描述，虽具有一定的复用性，但其信息查询复杂且复用工作量大，极易造成工艺匹配错误，影响工艺文件的制作效率。因此，系统中的三维模型应具有参数驱动的特性，可根据工艺需求进行几何工艺元素的快速修改，同时工艺知识应具有高效推理和快速查询的能力，可根据产品实际情况进行工艺相关知识的查询和使用，以实现多维工艺数据的匹配和复用。

（4）工艺文件的快速创建和有效管理。工艺文件创建过程中会形成一系列的工序工步，每一道工序工步对应的施工工艺信息都与同阶段三维模型动态关联，有效地管理这些关联集成过程，不仅能够实现工艺文件的快速创建，还能为生产建造环节的文件使用提供便利。

（5）建造工艺的交互式操作和标准化、动态化、可视化呈现。传统二维施工工艺信息表达系统发布的工艺文件是以二维文本形式来呈现的，这些文本信息在编制过程中需要手动添加大量信息，编写过程繁琐且标准化程度低，不利于施工工艺信息的使用。基于 MBD 的施工工艺信息表达系统以三维数字模型为核心进行工艺呈现，通过二维工艺信息与三维模型相结合的方式来达到工艺标准化的目的，不仅能够实现建造工艺的交互式操作，还能实现施工工艺信息动态可视化呈现。

第三节　MBD 三维施工工艺信息表达系统的体系结构

基于前述各章节关于三维施工工艺信息表达理论与方法的研究成果，综合考虑系统总体需求分析、开发环境、系统架构、开发工具等情况，构建 MBD 三维施工工艺信息表达系统平台。该系统平台的总体框架如图 4.3.1 所示，主要包括数据层、平台层、核心业务层、界面层、用户层。

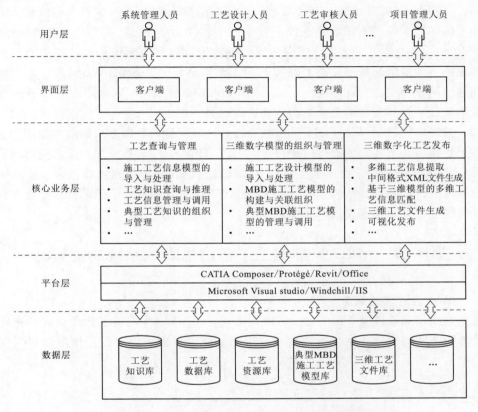

图 4.3.1　MBD 三维施工工艺信息表达系统总体框架

（1）用户层。用户层是 MBD 三维施工工艺信息表达系统的统一入口，为用户设置了不同角色和使用权限。系统可根据不同用户角色和工作内容开放权限，以满足三维施工工艺表达活动中不同使用人员的实际工作需求。

（2）界面层。界面层为系统用户提供一个可视化的人机交互操作界面，以满足三维施工工艺表达流程下多类用户进行相关活动的需求，同时系统界面设计应以直观友好、操作简洁、使用方便为主要原则。通过工艺表达系统的界面层，用户可调用系统内部组件进行相应工艺操作。

（3）核心业务层。核心业务层是系统应实现的核心功能，涵盖了三维施工工艺信息表达过程中所需的全部功能组件，主要包括工艺查询与管理、三维数字模型的组织与管理和三维数字化工艺发布等部分。其中，工艺查询与管理模块主要完成工艺信息和工艺知识相关的调用与管理；三维数字模型的组织与管理模块是通过三维模型建立工艺信息表达环境，并根据工艺流程对多维工艺信息进行关联和集成；三维数字化工艺发布模块是前述模块形成的三维数字模型和工艺信息为基础，对形成的工艺表达文件进行交互式处理和三维可视化发布。

（4）平台层。平台层指三维施工工艺信息表达过程中所涉及的软件平台和硬件支持，主要包括 CATIA Composer、Revit、Protégé、Windchill、Office。其中，CATIA Composer 为系统运行的重要平台，施工工艺设计模型的导入和处理、施工工艺信息的附着与表达和三维工艺文件的制作均是在该平台中进行；Office 为交互式工艺文件的制作平台；Revit 和 Protégé 为施工工艺设计模型和施工工艺信息模型的制作平台，主要为系统提供表达过程中所涉及的几何工艺信息、非几何工艺信息、工艺知识；Windchill 为多维软件系统间的协同管理提供开发环境。通过对 CATIA Composer 和 Windchill 的二次开发，可实现多维软件平台和三维工艺信息的集成管理。

（5）数据层。数据层是保证系统顺利运行和高效管理的数据基础和前提保证，主要采用关系型数据库和文件系统进行构建，包含工艺知识库、工艺数据库、工艺资源库、典型 MBD 施工工艺模型库、三维工艺文件库等系统数据。其中，结构化数据通过系统中的关系型数据库进行存储，非结构化的三维工艺模型、工艺仿真动画、工艺模板等物理文件采用文件系统进行存储和管理。

第四节　MBD 三维施工工艺信息表达系统功能设计

一、系统功能模块划分

根据上述系统总体框架和前述功能应用需求，MBD 三维施工工艺信息表达系统将功能划分为四个功能模块：用户管理模块、工艺查询与管理模块、工艺模型创建与管理模块、三维数字化工艺发布模块，具体如图 4.4.1 所示。

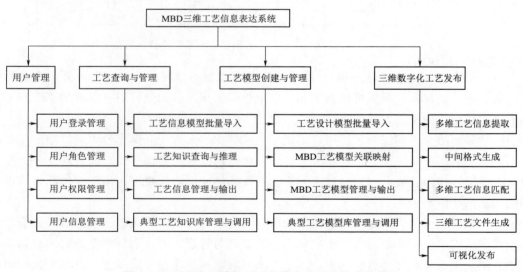

图 4.4.1　MBD 三维施工工艺信息表达系统功能模块

（1）用户管理。用户管理模块主要针对系统使用过程中的用户管理问题，主要包括用户登录管理、用户角色管理、用户权限管理、用户信息管理等功能，系统管理者可根据实际使用情况对操作人员开放相应功能。

（2）工艺查询与管理。工艺查询与管理模块包括施工工艺信息模型批量导入、工艺知识查询与推理、典型工艺知识库管理与调用、工艺信息管理与输出等功能，主要实现对导入系统的施工工艺信息模型进行相应的处理，即首先对施工工艺信息模型内部的工艺知识进行识别和提取，然后用户根据产品建造需求对工艺知识进行查询和推理，最后将工艺知识转化为工艺信息进行管理和输出。其中，输入的工艺知识可根据系统建立的工艺知识框架进行存储和管理，形成建筑产品典型建造工艺知识库，以实现相似产品建造工艺信息的查询和复用。

（3）工艺模型创建与管理。施工工艺模型创建与管理模块包括工艺设计模型导入、MBD 工艺模型关联映射、MBD 工艺模型管理与输出、典型 MBD 工艺模型库管理与调用等功能，主要实现对导入系统的施工工艺设计模型进行对应的处理，即首先对施工工艺设计模型内部的三维几何模型和部分工艺信息进行识别和处理，然后用户以三维几何模型为基础对工艺信息进行集成映射，最后形成 MBD 施工工艺模型并进行输出与管理。其中，输出的工艺模型可根据相应框架建立典型 MBD 施工工艺模型库，以实现同类别建筑产品建造工艺模型的参数化修改和快速创建。

（4）三维数字化工艺发布。三维数字化工艺发布模块是实现建造工艺从设计阶段到施工阶段的重要途径，也是 MBD 三维施工工艺信息表达系统的关键所在，其主要包括多维工艺信息提取、中间格式生成、多维工艺信息匹配、三维工艺文件生成、可视化发布等功能。用户通过检索其他模块的工艺信息，可实现多维建造工艺的汇集与匹配，并可根据需求发布成 Excel、PDF、EXE、XML 等多种格式的三维工艺文档。其中，XML 格式文档主要实现产品建造工艺的网页端发布，其他格式文档主要用于不同工艺表达应用场景。

二、系统业务流程设计

从三维数字化施工工艺表达到三维可视化工艺文件发布，需要不同软件平台和多个角色用户的共同参与，数据传递复杂且流程控制困难。为此本文依据前文形成的系统总体框架和主要功能模块的具体描述，设计了如图 4.4.2 所示的系统业务流程，其主要业务步骤如下：

（1）用户通过登录界面进入系统，导入需要进行工艺信息表达的建筑产品施工工艺设计模型。其中，施工工艺设计模型主要来源于产品设计阶段，采用 BIM 主流平台 Autodesk Revit 进行创建。

（2）处理施工工艺设计模型并对几何特征、零件信息、注释信息等进行识别和提取，结合 Protégé 平台和查询推理输出的工艺信息，进行多维工艺信息的结构化梳理和调整。其中，输出的工艺信息首先来源于 Protégé 平台创建的施工工艺信息模型，在导入系统后进行工艺知识推理与查询后根据需求进行信息导出。此外，工艺信息不仅可以从基于施工工艺信息模型的推理查询获得，也可根据相似度从系统内设的典型工艺知识库进行相关工艺信息的使用。

（3）根据工艺信息处理阶段输出的工艺路线进行工序工步规划，以三维数字模型为承载二维工艺信息的唯一载体进行 MBD 施工工艺模型的构建。

（4）工艺人员对规划完成的模型文件进行检查，合格后以相关格式文件进行模型库的

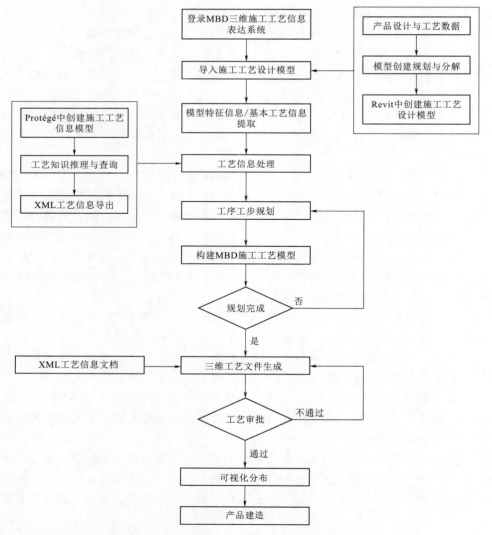

图 4.4.2　MBD 三维工艺信息表达系统业务流程图

存储，并输出到下一业务流程中。

（5）基于前述流程提取输出的 XML 中间格式文件进行多维工艺信息匹配，依据实际发布需求制作相应格式的三维可视化工艺文件。

（6）各级审批人员进入工艺栏审阅工艺，审批不通过则返回生成界面继续编辑，审批通过则发布三维数字化工艺信息表达文件，指导相关人员进行建筑产品的生产建造。

第五节　本　章　小　结

本章在基于 MBD 的三维施工工艺信息表达系统及其关键技术研究的基础上，针对施工工艺设计和表达的实际需求，进行了 MBD 三维施工工艺信息表达系统的设计研究。首先，通过 MBD 技术将建筑产品的三维模型与施工工艺信息集成，形成施工工艺信息的数据表达载体，实现了施工工艺信息在三维环境下的表达与管理；其次，在三维施工工艺信息表达技术的基础上，结合多维施工工艺信息表达流程对 MBD 三维施工工艺信息表达系统的总体需求、体系结构和功能模块进行设计和描述；最后，详细介绍了 MBD 三维施工工艺信息表达系统的业务流程，形成了系统业务的运行流程图。

第五章 实 际 案 例

本章依据实际项目阳光大道为工程背景，选取 8 号墩深基坑开挖和支护分项工程作为研究对象，理论联系实际，应用至具体工程展开详述。本体及系统部分未应用于该工程，在此不做阐述。

第一节 深基坑开挖防护工程施工流程分析

一、工程概况

P8 号墩承台基坑开挖完成后底部呈多边形，基坑采用 ϕ1.4m 防护桩支护，防护桩间距 1.8m，防护桩长 24m，桩顶设置 1.8m×1.0mC25 混凝土锁口冠梁；支护桩外侧布置 ϕ0.6m 双层高压旋喷桩作为止水帷幕，桩长 24m，间距 0.4m；防护桩内侧喷 0.1m 厚锚喷混凝土，内支撑采用 ϕ609mm×16mm 钢管支撑，从基坑顶部向下共设置两层。此基坑最大开挖深度为 12.15m，属于超过一定规模的危险性较大的分部分项工程。该工程量清单见表 5.1.1，机械、设备配备表见表 5.1.2，劳动力配备表见表 5.1.3。

表 5.1.1　　　　　　　　　　工 程 量 清 单

8 号 墩						
项　　目		数量	单位	单量	总量	备　注
防护桩	C30 混凝土	76	m³	37.7	2866.3	C30 水下混凝土
	HRB400 钢筋	76	kg	4720.0	358720	
	HPB300 钢筋	76	kg	830.1	63087.6	
冠梁	C30 混凝土	13.68	m³	21.6	295.5	
	HRB400 钢筋	13.68	kg	3410.2	46651.5	
首层内支撑	609×16	115.5	kg	233.99	27025.8	Q235B
预埋件		1	kg	8331	8331.0	Q235B
圈梁	2HN1000×300	262.4	kg	620.31	162769.3	Q235B
内支撑	1000×16	158.9	kg	388.27	61696.1	Q235B
内支撑节点		1	kg	99008	99008.0	Q235B
圈梁灌浆抄垫	C30 混凝土	2	m³	228	45.6	
片石混凝土	C20	1	m³	1827.75	1827.8	
回填素混凝土	C30	1	m³	365.45	365.5	
旋喷桩	双排 ϕ0.6m	1	m	17616	17616	水泥掺量 45%
基坑挖方		1	m³	10025.7	10025.7	
防护桩及冠梁凿除		1	m³	354.0	354.0	
封底	0.5mL C30 混凝土	1	m³	392.6	392.6	
截水沟	0.5m×0.4m	1	m	148	148.0	C25 混凝土
集水井		4	个		4	

项　　目		数量	单位	单量	总量	备　注
降水井			4	个		4
锚喷混凝土	HRB400 钢筋	874	kg	24.0	20976	
	C25 喷射混凝土	874	m³	0.5	437	
	水泥砂浆	874	m³	0.4	349.6	

表 5.1.2　　　　　　　　　机 械、设 备 配 备 表

序号	设备名称	规格型号	单位	数量	备注
1	反循环钻机	FXZ - 450	台	2	
2	挖掘机	DH215 - 9	台	2	
3	挖掘机	—	台	2	长臂挖掘机
4	混凝土喷射机	—	台	2	
5	空压机	志高 30SKY - 8	台	2	
6	渣土运输车	—	辆	4	
7	汽车吊	徐工 35t	辆	2	
8	钢筋切断机	—	台	2	
9	钢筋成型机	—	台	2	
10	交流电焊机	—	台	2	
11	潜水泵	—	台	16	
12	泥浆泵	7.5kW	台	2	
13	注浆泵	GZB - 40	台	2	
14	高压泵	聚能 90E	台	2	
15	旋喷桩钻机	贝安特 150	台	2	

表 5.1.3　　　　　　　　　劳 动 力 配 备 表

序号	工　种	人数	进场作业时间	序号	工　种	人数	进场作业时间
1	混凝土工	4	按需求进场	4	电焊工	2	按需求进场
2	木工	6	按需求进场	5	普工	6	按需求进场
3	钢筋工	4	按需求进场	6	机械司机	8	按需求进场

二、工艺流程分析

该工程总体施工原则是：坚持截水先行，先支护后开挖，自上而下分层分段开挖，锚喷混凝土护面紧跟开挖面，严格操作规范，同步监控测，及时反馈调整。注意用水用电，做好安全防护，杜绝疲劳施工，确保施工安全。

主要施工步骤包括：防护桩施工，旋喷桩止水帷幕施工，冠梁施工，钢支撑施工，土方开挖，锚喷混凝土施工，垫层施工。根据工程难度和适配度，进行工序的划分，设置施工工艺流程如图 5.1.1 所示。

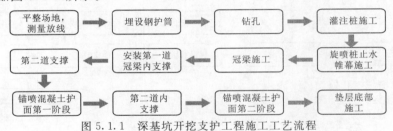

图 5.1.1　深基坑开挖支护工程施工工艺流程

工艺信息处理将其施工流程细部划分至工步,如图 5.1.2 所示。

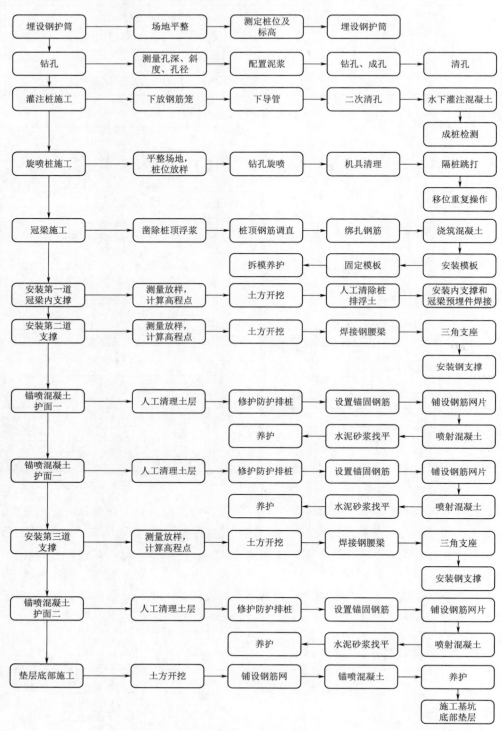

图 5.1.2 工步流程图

第二节 深基坑开挖支护施工设计模型创建

仅仅有产品的最终展现形态往往不满足于市场对交底的需求，所以在产品成型过程阶段所需的模型也需要进行创建。根据前面章节内容，将深基坑工程的设计模型根据产品特征的不同可以划分为前期模型、辅助工艺模型、关键节点模型以及常规工艺模型四种模型。

前期模型需要创建的族为最外层土方。辅助工艺模型有垂直线、十字护桩、木方、模板、对拉螺栓、导管。常规工艺模型有旋喷桩、钢支撑、钢护筒、开挖土方、刚性腰梁、垫层、集水井、排水沟。关键节点模型有冠梁（包括冠梁内部钢筋）；锚喷混凝土（包括钢筋网和固定钢筋）；灌注桩（包括钢筋笼）；如下图 5.2.1 所示。

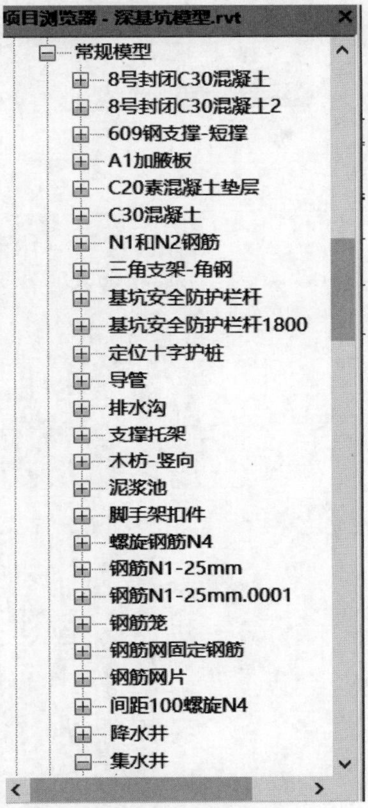

（一）创建前期模型

已知深基坑的开挖是基于平整场地，所以进行深基坑的开挖首先创建的就是一个平台，能够进行基坑的开挖和支护，创建的前期模型如图 5.2.2 所示。

（二）创建常规模型

在拥有平整场地后，需要根据图纸来创建产品最终状态的模型，此时不考虑关键细部做法，只体现几何特征以及材料属性特征。依据施工组织设计按顺序创建开挖土方、灌注桩混凝土、旋喷桩、冠梁混凝土、内支撑、刚性腰梁、垫层、喷射混凝土面、集水井、排水沟。各模型及呈现最终状态如图 5.2.3 所示。

（三）创建关键节点模型

在拥有产品最终状态的模型以后，此时需要考虑创建在施工过程的关键节点模型。关键节点体现是工程上的重点和难点，需要结合工程的构造设计要求和规范的强制性条文。由于笔者施工经验的缺乏，本书仅以深基坑中钢筋工程作为关键节点进行展示。

1. 防护桩钢筋笼

根据设计图纸，已知钢筋笼组成为 N1 钢筋（HRB400，直径 25mm）24 根，N2 钢筋（HRB400，直径 25mm）24 根，N3/N4 螺旋钢筋（HPB300，直径 12mm）下部间距 200mm，上部间距 100mm，N5 加劲钢筋（HRB400，直径 22mm）@2000mm 布置 11 根。主筋保护层厚度 50mm。首先创建单根钢筋族类型，按照图纸进行复制、阵列命令，载入到钢筋笼族进行族嵌套。创建完成后进行调整，避免碰撞，创建如图 5.2.4 所示。

图 5.2.1 深基坑开挖支护
创建的族列表

图 5.2.2 前期模型

图 5.2.3 常规模型

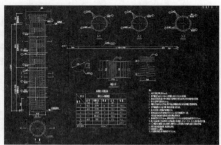

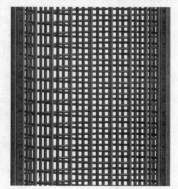

图 5.2.4 钢筋笼创建

2. 冠梁钢筋

根据设计图纸，已知冠梁内部钢筋组成为 N1 上部钢筋（HRB400，Z 直径 18mm12 根，N2 下部钢筋（HRB400，直径 18mm）12 根，N3 侧部钢筋（HRB400，直径 28mm）18 根，N4 箍筋@200，1720×1120（HRB400，直径 16mm），N5 箍筋@200，500×1120（HRB400，直径 16mm），N6 箍筋@200，1720×320（HRB400，直径 16mm）上述箍筋弯钩采用 135°，长度均为 160mm，箍筋保护层厚度 25mm，主筋保护层厚度为 35mm。同样创建单根钢筋族类型，按照图纸进行复制阵列命令，载入到冠梁混凝土模型中。单根冠梁钢筋创建如图 5.2.5 所示。

3. 喷射锚固钢筋及钢筋网片

开挖土方，安装内支撑后，需要喷射混凝土进行边坡防护。喷射混凝土时先铺设钢筋

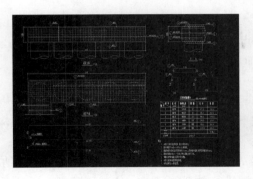

图 5.2.5　冠梁钢筋工程

网，进行加固，发挥钢筋抗拉强度大的优势，减少或者避免混凝土产生裂缝。首先根据设计图纸可以确定钢筋网横竖间距@250（HRB400，直径 16mm），单位钢筋网中 N1 长1800mm 4 根，N2 长 1000mm 7 根，固定钢筋长为 500m（HRB400，直径 16mm）锚入桩内部；创建单位钢筋网，载入到整体模型中进行复制、阵列命令。创建过程如图 5.2.6所示。

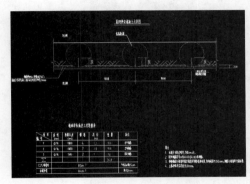
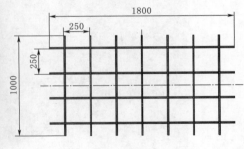

图 5.2.6　单元钢筋网片

（四）创建辅助工艺模型

辅助工艺模型是指辅助产品施工的模型，例如辅助桩定位的十字护桩以及定位线，辅助混凝土浇筑的导管（一些机具器械在此不作模型创建，一般直接载入类型族或者进行标注），例如冠梁的模板工程所包含的木枋、对拉螺栓等。此类模型的创建如图 5.2.7 所示。

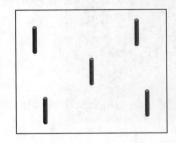
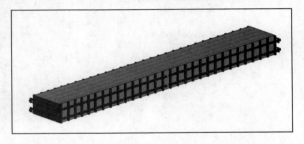

图 5.2.7　十字护桩和模板工程

第三节　施工工艺模型表达

一、关键帧的制作与选取

（一）加工设计模型

设计模型创建完毕后，以 sat 的文件进行导出。以此作为三维工艺模型的载体导入 CATIA Composer 中。导入后模型会存在色彩和属性的缺失，如图所示。

此时需要对模型进行加工处理。利用选择集功能，将同种类别的构件进行归纳并命名。定义选择集后，可以对选择集的同一构件进行材料的赋予，使其更真实。通过可视性来调节模型的施工顺序，如图 5.3.1 所示。

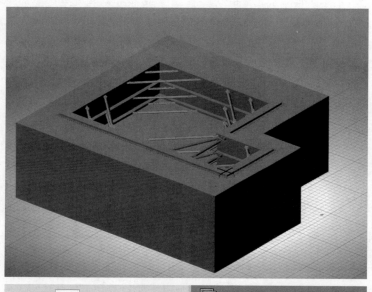

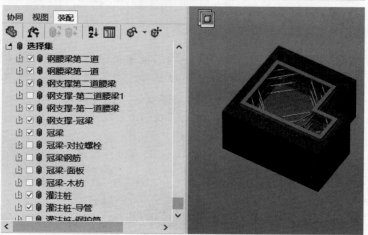

图 5.3.1　加工设计模型

（二）选取关键视图

根据工艺信息模型，将深基坑施工流程的工序内容进行再一步划分，明确各工序的搭接前后关系以及具体步骤，进行细化。据此进行关键视图的选取，贯彻每个关键视图选取都遵循"从无到有""从一到多""从近到远"原则。选取关键视图如图 5.3.2 所示。

图 5.3.2　选取关键视图

（三）关联工艺信息

将工艺信息赋予至处理好的关键视图中。利用 CATIA Composer 平台作者功能，例如标签、2D 文本、热点、2D 图像、线性标注等功能进行信息的添加。标签功能是选取模型视图中的某一对象，进行施工操作要求以及属性参数材料的定义，2D 文本框可以阐述施工过程的注意要点以及操作规范，热点功能可以链接相关规范或网页进行查询，2D 图像可以载入图纸、图集及一些其他实体图片，进行直观表述，线性标注可以标注间距，尺寸大小。最终呈现出来的多模态视图如图 5.3.3 所示。

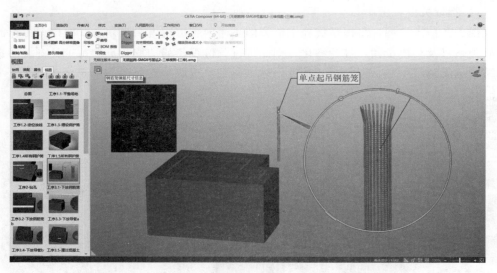

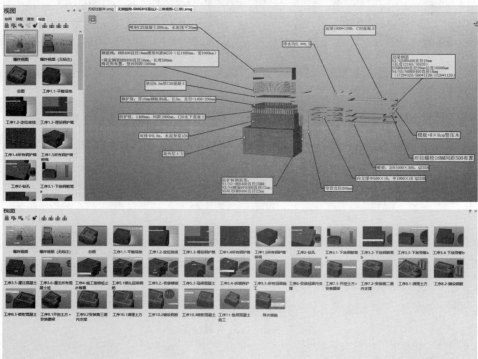

图 5.3.3　多模态视图

　　最终文件能够输出 SMG 和 EXE 两种格式。SMG 格式文件能够进行修改和学习，EXE 程序包形式不仅可以达到轻量化，能够脱离软件存在；同时还能保证模型的不外泄，达到知识产权的保护。如图 5.3.4 所示。

二、输出施工动画

　　CATIA Composer 自带的时间轴功能，可以进行动画的输出。通过直接将创建的视图拖至相应的时间轴，来快速制作施工动画，还可以利用位置、视口、Digger、属性关键帧等功能进行进一步的动态表达。若有后续需求，可以进行配音及字幕的处理。同时切换关键视图时，平台本身带有的动态性也能使模型更逼真。输出的工艺动画和关键视图可弥补 BIM 模型只能静态的弱势，如图 5.3.5 所示。

三、交互式指导书的编制

作业指导书直接用来指导现场施工，通过上述对工艺信息的处理，进行表格的制作，划分为整个工艺和各个工序。在各表格中载入 SMG 文件，利用开发工具的控件和宏对文件进行控制，将每一工序所对应的关键视图进行展

图 5.3.4　输出文件格式

示。通过前期准备、安全文明措施、资源配置、操作要求对工艺流程进行全过程管理。

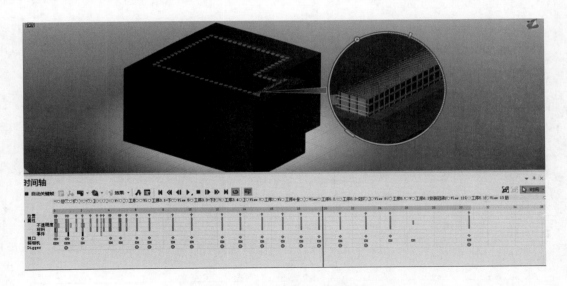

图 5.3.5　施工动画的制作

（一）工艺作业表

工艺工作表是对工艺流程的整体描述。通过控件对载入的 SMG 进行操作，可以开始视图播放，也能够进行旋转放大平移等操作。创建的工艺作业表如图 5.3.6 所示。

（二）工序作业表

工序工作表对应的划分后的工序内容，一张表对应一个工序。填写工作表内容时，首先需要确定该工序的关键工步，而后填入相关技术和质量控制要点，并调整视图控制区控件代码，以调用对应的三维交互视图。

工序作业表如图 5.3.7 所示。

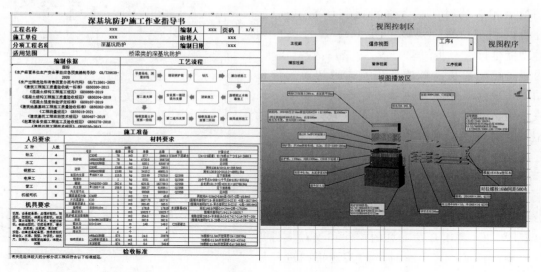

图 5.3.6　工艺作业表

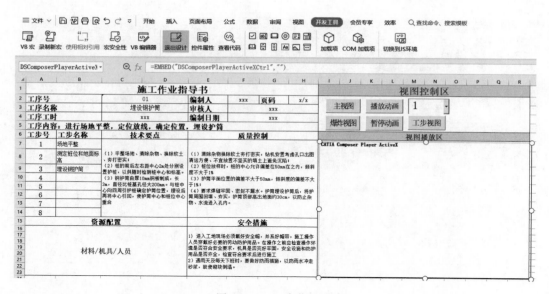

图 5.3.7　工序作业表

第二篇 施 工 标 准 化

2022年住房和城乡建设部发布的"十四五"建筑业发展规划中，明确指出完善工程质量标准体系，强化工程质量保证的标准化措施，运用信息化手段加强施工部品部件以及关键环节的质量管控。

工程质量管理标准化是指依据有关法律法规和工程建设标准，从建筑工程开工到竣工的全过程，参建各方质量责任主体建立健全日常质量管理制度，在项目实施质量管理过程中推行质量行为工作标准化和项目实体质量控制标准化、规范化，并具有可追溯性的质量管理长效机制。

本篇以某综合地产项目2号楼钢筋工程及砌体工程为例，编写标准化施工策划书、标准化施工手册、质量通病防治手册，并结合BIM技术输出数字化交底文件，辅助现场的实际施工，实现施工质量标准化。

第六章 砌 体 工 程

第一节 砌体工程标准化施工策划书

本章将国家相关政策和标准规范等和工程实际情况相结合编制标准化施工策划书，主要介绍工程实际情况并为工程的质量管理提供管理制度，从而提高工程管理效率和工程实体质量。

一、编制依据

(一) 质量策划编制依据

(1) 某综合地产项目住宅楼结构图纸与建筑图纸。

(2) 某房地产开发有限责任公司与某公司所签订的施工合同要求。

(3) 与本工程相关的国家施工及验收规范、标准。

(4) 变更洽商核定单。

(5) 图纸会审资料。

(二) 砌体工程采用的主要规范、标准和图集

砌体工程采用的主要规范、标准和图集见表 6.1.1。

表 6. 1. 1   规范、标准、图集

序号	规范、标准、图集名称	编 号
1	《砌体结构设计规范》	GB 50003—2011
2	《砌体结构工程施工质量验收规范》	GB 50203—2011
3	《砌体结构工程施工规范》	GB 50924—2014
4	《建筑装饰装修工程质量验收规范》	GB 50210—2018
5	《蒸压加气混凝土板》	GB/T 15762—2020
6	《蒸压加气混凝土砌块、板材构造》	13J104
7	《混凝土结构后锚固技术规程》	JGJ 145—2013
8	《砌筑砂浆配合比设计规程》	JGJ/T 98—2010
9	《建筑轻质条板隔墙技术规程》	JGJ/T 157—2014
10	《砌体填充墙结构构造》	12G614-1
11	《预拌砂浆》	GB/T 25181—2019
12	《烧结多孔砖和多孔砌块》	GB 13544—2011

二、项目总体概况

（一）总体概况

表 6.1.2　　　　　工 程 总 体 概 况

项目名称		某综合地产项目			
建设单位		某房地产开发有限责任公司			
建设地点		（略）			
建设楼栋		1号办公	2号住宅	3号住宅	4号商业及配套用房
功能布局		办公楼，地下2层，地上24层	住宅楼，地下2层，地上17层	住宅楼，地下2层，地上14层	商业建筑，地下2层，地上4层
所属气候分区类型		夏热冬冷			
建筑高度/m		98.95	53.55	44.1	16.2
建筑类别		一类高层公共建筑	二类高层民用建筑	二类高层民用建筑	二类多层公共建筑
主要结构形式		框架-剪力墙结构	框架-剪力墙结构	框架-剪力墙结构	框架结构
设计使用年限		50年			
抗震设防烈度		Ⅵ度			
建筑规模/m²	建筑占地面积	1271.41	354.4	610.51	828.48
	总建筑面积	27618.37	5602.39	7478.09	3138.97
	计容面积	27583.00	5559.89	7411.87	2878.81
	不计容面积	35.37	42.5	66.22	260.16

（二）砌体工程概况

（1）本工程外墙采用200mm厚烧结页岩多孔砖，内墙体为200mm厚ALC轻质隔墙板，局部为100mm厚ALC轻质隔墙板，卫生间隔墙采用烧结页岩多孔砖。

（2）覆土层以下分割墙采用钢筋混凝土墙，并在地面高的房间墙体一侧设置防水。

（3）地下室的隔墙，建筑完成面以下均为烧结页岩多孔砖，宽同墙厚；变配电室、消防控制室墙体在地面标高以上的50mm高范围内均为钢筋混凝土墙体，宽同墙厚。

三、砌体工程标准化施工

（一）工程施工难点和解决方案

1. 施工难点

（1）本工程内外墙采用两种不同的砌筑材料进行砌筑，内外墙交接处应设置构造柱，施工时容易忽略构造柱的施工，造成墙体整体性和稳定性变差。

（2）ALC轻质隔墙板是一种新型施工材料，若施工人员对于其了解不够深刻，容易造成不合适尺寸的板材上墙，板材拼接处裂缝等质量通病。

2. 解决方案

上述问题的出现通常是口头表述和文字表述的技术交底方式，施工人员对其的了解不够深刻和透彻，导致施工过程中随意施工，造成质量通病和材料的浪费以及建筑垃圾的产生。通过 BIM 技术对关键部位和节点进行施工动画模拟视频的制作，将施工过程和规范要求通过视频的形式展现给现场施工人员进行学习，可以帮助管理人员更好地进行技术交底工作和施工人员的管理。

（二）工程质量管理体系及制度

（1）质量管理目标：省级年度质量管理标准化工程。

（2）质量管理体系。

（3）质量管理体系。由公司作为总体负责人，下设质量管理领导班子主要包括项目经理、项目总工程师、质量总监等，通过质量总体管理部门与质量过程管理两个部门相互监督、互相促进达到质量监督的目的，形成从公司到项目管理领导班子、各部门负责人到各施工、专业团队的四级质量管理网络系统，制定相应管理制度、明确各岗位职责与义务。

（4）质量管理制度。为提高工程质量，必须采取相应措施进行管理，通过事前控制，将问题直接扼杀在摇篮里，故制定以下制度：

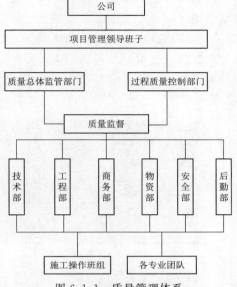

图 6.1.1 质量管理体系

1）样板先行制度。在施工开始之前，对工程施工技术进行标准化统一规定，再通过样板先行将项目样板展示出来，进行检验，再进一步地统一施工工序，方便进行之后的技术交底。

2）技术交底制度。在施工前，通过样板先行制度对各施工工艺的检验，再将各施工工艺编制相应的图文并茂的施工技术指南，再通过在办公室内进行统一学习施工指南或到工程样板进行实地讲解，进行技术交底工作。

3）材料进场验收制度。凡进入施工现场的所有材料都必须经过工作人员的第一道关卡即"一看、二查、三复检"，一看是工作人员对到场的材料先仔细观察其外表有无明显缺陷如砌块出现明显缺角等，二查是对材料进行出厂合格证件的检查，如出现不合格证件的材料一律不得入场，三复检是对到场材料进行部分抽样检查，抽样检查合格后方能入场使用。

4）责任落实制度。将工作的责任合理分解到具体的施工人员和管理人员，层层责任落实到位。

5）成品保护制度。对于施工完成后的成品必须严格保护好，根据不同性质严格落实好相应的保护措施。

6）质量巡检制度。不定时、不定期对现场施工质量进行抽检，将检查结果实际记录，留存档案。

（三）样板先行

工程质量控制标准指按照国家、省市有关标准规定的"施工质量样板化、技术交底可视化、工序标准化"的要求，从施工材料、构件、设备的现场质量控制，到施工过程的质量控制和质量验收控制，再到影响施工安全的构件或关键工序的具体管理办法和要求，以及有关规定中对分项构件或关键工序功能的具体管理办法和要求的基本应用，都要落实到位。

样板作为施工质量管理的重要工具，也是保证其确定项目施工过程以及项目质量的最基本手段。假设要引进一项新技术、新材料或新设备，应首先落实概念和"样板先行"制度，一旦样板完成，应与三方，即业主、监理和项目管理部门沟通，然后进行测试和评估。只有当它被批准并符合相关规范和标准后，才能应用于项目。在施工过程中，对于每个分项工程，特别是那些最容易发生渗漏的重点部位和关键位置，如保温层、门窗、外墙、防水层等，必须先准备好相应的样品或采样室，经批准后才能开始大规模施工。

过梁伸入两侧墙体样板

过梁锚入构造柱样板

砌筑样板

构造柱样板

图 6.1.2　砌体工程集中样板

图 6.1.3　ALC轻质隔墙板实体样板区

样板先行注意事项：

（1）样板施工前必须通过技术会审对每个构件的施工工艺流程和工艺进行明确，材料的进场需要根据进场验收制度严格进行，对于市面上的假冒伪劣产品以及不合格产品坚决不准入场使用。

（2）样板集中展示区应当将施工操作规程、质量管理体系及相关要求、安全文明施工行为规范要求将其他注意事项一并张贴到展示区。

（3）对于样板验收过程中应三方到场进行验收工作，合格之后挂上"验收合格标识牌"，验收不合理需要进行立即整改，直到整改合格为止。

（4）样板施工结束后，应该将各部位的构件制作方法详细标注在构件上，并使用墨线标出隐蔽部分。

（5）在样板的集中展示部位放置小讲台，在讲台区域向工人灌输住宅楼常见质量问题及形成原因、质量安全管理和文明施工的意识和防控措施，并按样板进行现场技术指导。

（6）在施工过程中，应同期一并收集施工样板、图片、录像资料，履行各项隐蔽验收手续，确保资料收集齐全，施工结束后，将资料进行规整，使用演示文稿或视频的形式作为后续技术交底资料发放

（7）施工过程中要做好现场文明施工工作，做到工完场清、工完料清，现场无建筑材料以及建筑垃圾的堆放，并派专人进行日常维护。

对于施工标准化施工，"样板先行"制度非常重要，为做好技术交底工作，首先对于集中样板区进行技术讲解，对施工技术进行详细介绍与说明，之后让工人们进入实体样板区域进行施工，通过实际施工检验工人的技术交底了解情况，通过对比评选指出施工的优劣，进一步加强对于工人施工标准化的管理。

图 6.1.4 技术交底

四、质量验收

在施工的时候，要根据施工技术标准来控制工程的质量，在每一道工序结束之后，都要有相关的人员按照规定来进行检验和验收，检验通过后，才能开始下一道

工序的施工。

（一）烧结页岩多孔砖砌体验收

砌体工程质量验收标准：GB 50203—2011《砌体结构工程施工质量验收规范》。

砌体砌筑的技术要求、允许偏差与检验方法见表6.1.3。

表6.1.3　　　　　　　　　　　填充墙砌体一般尺寸允许偏差

项次	项　目		允许偏差/mm	检验方法
1	轴线位移		8	用尺检查
	垂直度	≤3m	5	用2m托线板或吊线、尺检查
		>3m	8	
2	表面平整度		6	用2m靠尺和楔形塞尺检查
3	门窗洞口高、宽（后塞口）		±10	用尺检查
4	外墙上、下窗口偏移		10	用经纬仪或吊线检查

抽检数量：每检验批抽查不应少于5处。

（二）ALC轻质隔墙砌体验收

质量检验标准：蒸压加气混凝土砌块、板材构造（13J104）。

ALC轻质隔墙的检验批以同一品种的轻质隔墙工程每50间（大面积房间和走廊按轻质隔墙的墙面30m² 为一间）划分为一个检验批，不足50间也应划分为一个检验批。

检查数量：每个检验批至少抽查10%，但不得少于3间，不足3间时应全数检查。

主要检测项目：①安装应垂直、平整、位置正确，转角应规正，板材不得有缺边、掉角、开裂等缺陷；②隔墙上开的孔洞、槽、盒应位置准确、套割方正、边缘整齐；③隔墙表面应平整、接缝应顺直。

技术要求、允许偏差与检验方法见表6.1.4。

表6.1.4　　　　　　　　　　　ALC　板　检　查

项次	项　目　名　称	允许偏差/mm	检验方法
1	墙面轴线位置	3	经纬仪、拉线、尺量
2	层间墙面垂直度	3	2m托线板、吊垂线
3	板缝垂直度	3	2m托线板、吊垂线
4	板缝水平度	3	拉线、尺量
5	表面平整度	3	2m靠尺、塞尺
6	拼缝误差	1	尺量
7	洞口位移	±8	尺量

五、工程资料管理

建筑工程的发展对社会经济发展有着促进的作用，工程资料管理工作对建筑整体效益及质量尤为关键。

（一）工程质量管理的要求

（1）各单位要根据其相关要求，做好工程技术资料的收集和整理工作，并指派专门人员进行工作。

（2）施工技术资料文件结合工程实际进度进行同周期一并收集与整理，文件内容应真实完整，不得篡改，不能伪造。

（3）工程技术材料的签证应当保管妥当和齐全，需按照相关规定及要求由负责人签字并加盖公章。

（4）项目部应对分包工程的工程技术资料的收集、整理与移交制定严格的规章制度。

（二）工程资料管理的内容

一个工程的时间跨度大、各种工程资料繁多，现将工程资料管理按照时间阶段进行分类整理，完善工作资料管理制度，见表6.1.5。

表6.1.5　　　　　　　　　　　工 程 资 料 管 理

序号	阶　段	内　容
1	施工前期阶段	工程立项资料、施工许可证、施工图纸、合同、实地勘察报告等
2	材料进场验收阶段	建筑材料产品合格证书、产品检测报告等
3	施工阶段	砌体工程施工方案、施工组织设计方案、设计变更资料
4	工程竣工验收阶段	阶段性验收资料、工程竣工资料

第二节　砌体工程标准化施工工艺手册

本章编制砌体工程标准化施工工艺手册。主要包括两部分：某处由烧结页岩多孔砖砌筑而成的外墙和由ALC轻质隔墙板砌筑而成的内墙。该部分包括了砌体工程绝大部分的施工工艺流程，极具代表性，故结合图纸及国家相应规范、标准和图集并通过BIM建模的方式进行表达编制砌体工程标准化施工工艺手册，兼具可视性和规范性。

一、砌体工程施工工艺流程

烧结多孔砖砌体施工流程图见图6.2.1。ALC轻质隔墙板施工流程图见图6.2.2。

二、施工准备

（一）施工机具准备

施工机具表见表6.2.1。

（二）材料准备

本工程外墙采用200mm厚烧结页岩多孔砖，内墙体为200mm厚ALC轻质隔墙板，局部为100mm厚ALC轻质隔墙板，卫生间隔墙采用烧结页岩多孔砖，见表6.2.2；其覆土层以下分割墙采用钢筋混凝土墙，并在地面高的房间墙体一侧设置防水。

地下室的隔墙，建筑完成面以下均为烧结页岩多孔砖，宽同墙厚，见表6.2.3；变配电室、消防控制室墙体在地面标高以上的50mm高范围内均为钢筋混凝土墙体，宽同墙厚。

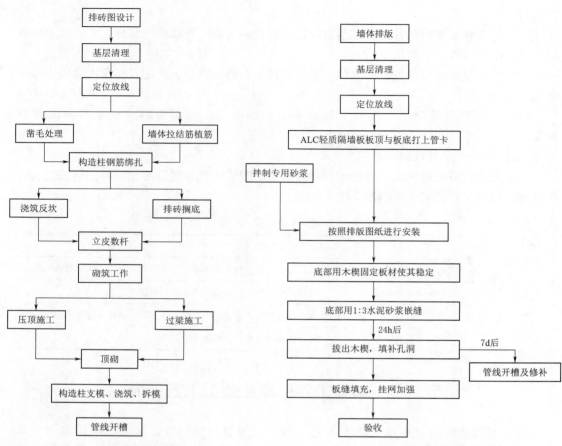

图 6.2.1 烧结多孔砖砌体施工流程图　　图 6.2.2 ALC轻质隔墙板施工流程图

表 6.2.1 施 工 机 具 表

序号	施工机具名称	样 例	用 途
1	手提切割机		对ALC轻质隔墙板进行切割为指定尺寸
2	冲击钻		用于植筋工作的打孔阶段

序号	施工机具名称	样　例	用　途
3	吹风机		将植筋孔洞内的灰尘清理干净
4	射钉枪		将 ALC 轻质隔墙板通过射钉与墙柱、梁板进行连接
5	专用砂浆搅拌机		对 ALC 轻质隔墙板专用砂浆进行搅拌
6	瓦刀		用于烧结多孔砖的砌筑过程
7	手推车		运输 ALC 轻质隔墙板到施工部位
8	叉车		将烧结多孔砖运输到指定位置

续表

序号	施工机具名称	样　例	用　途
9	靠尺		检查墙面是否平整
10	红外线水平仪		红外线起到辅助墙体施工的作用

表 6.2.2　　　　　　　　　　　轴线 2－16 处外墙材料

序号	材　料	规　格	备　注
1	烧结页岩多孔砖	240×200×90	提前 1～2d 湿润，含水率在 60%～70%
2	实心砖	200×95×53	
3	预拌砂浆	M10（外墙）、M5（内墙）	
4	混凝土	C25	
5	混凝土预制块	200×200×90	
6	钢筋	C6、C10	进行除锈处理
7	植筋胶	A、B组分配胶比例：2∶1	

表 6.2.3　　　　　　　　　　　轴线 2－15 处内墙材料

序号	材　料	规　格	序号	材　料	规　格
1	ALC轻质隔墙板	2300×600×200	5	水泥砂浆	1∶3水泥砂浆
2	管卡	160×50×200	6	专用修补砂浆	
3	托板	50×50×5	7	木楔	
4	混凝土	C25			

（三）材料进场验收、运输与堆放

（1）材料的进场验收，砌块和砂浆作为砌体结构最根本也是最重要的组成部分，在进场前一定得做好验收工作，否则产品质量不合格将严重影响到后期整个砌体结构的质量。材料进场检验应做好"一看、二查、三复检"。

"一看"——看材料的外观、规格是否出现严重的缺陷，影响后续使用的，禁止入场。外观质量验收规范见图 6.2.3。

"二查"——对材料的产品的合格证、说明书以及质量合格文件进行查验，同时留存档案。合格证书见图 6.2.4。

表 2　外观质量　　　　单位为毫米

项　目		指　标
1. 完整面	不得少于	一条面和一顶面
2. 缺棱掉角的三个破坏尺寸	不得同时大于	30
3. 裂纹长度		
a) 大面(有孔面)上深入孔壁 15 mm 以上宽度方向及其延伸到条面的长度	不大于	80
b) 大面(有孔面)上深入孔壁 15 mm 以上长度方向及其延伸到顶面的长度	不大于	100
c) 条顶面上的水平裂纹	不大于	100
4. 杂质在砖或砌块面上造成的凸出高度	不大于	5

注：凡有下列缺陷之一者，不能称为完整面：

a) 缺损在条面或顶面上造成的破坏面尺寸同时大于 20 mm×30 mm；

b) 条面或顶面上裂纹宽度大于 1 mm，其长度超过 70 mm；

c) 压陷、焦花、粘底在条面或顶面上的凹陷或凸出超过 2 mm，区域最大投影尺寸同时大于 20 mm×30 mm。

图 6.2.3　烧结多孔砖外观质量验收规范

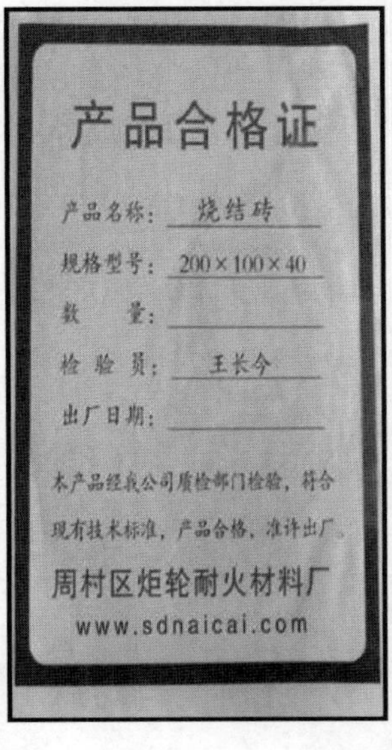

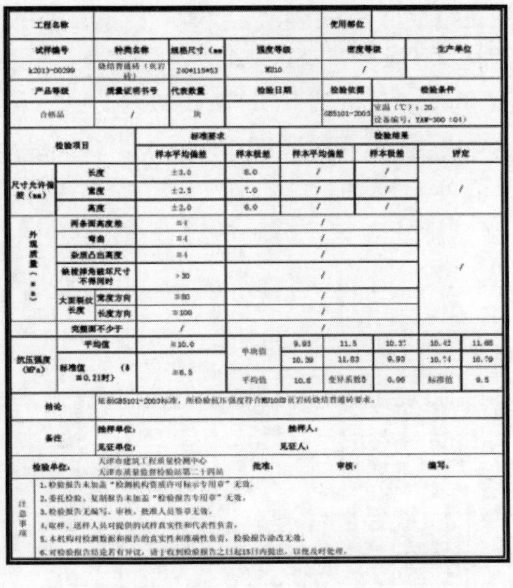

工程名称				使用部位	
试样编号	种类名称	规格尺寸（mm）	强度等级	密度等级	生产单位
k2013-00299	烧结普通砖（页岩砖）	240*115*53	MU10	/	
产品等级	质量证明书号	代表数量	检验日期	检验依据	检验条件
合格品	/	块		GB5101-2003	室温（℃）：20 设备编号：YAW-300（04）

检验项目		标准要求：样本平均偏差	标准要求：样本极差	检验结果：样本平均偏差	检验结果：样本极差	评定
尺寸允许偏差（mm）	长度	±3.0	8.0	/	/	/
	宽度	±2.5	7.0	/	/	
	高度	±2.0	6.0	/	/	
外观质量（mm）	两条面高度差	≤4	/			/
	弯曲	≤4	/			
	杂质凸出高度	≤4	/			
	缺棱掉角破坏尺寸不得同时	>30	/			
	大面裂纹长度 宽度方向	≤80	/			
	大面裂纹长度 长度方向	≤100	/			
	完整面不少于	/	/			

抗压强度（MPa）							
平均值	≥10.0	单块值	9.93	11.5	10.37	10.42	11.68
			10.39	11.83	9.93	10.74	10.79
标准值（δ≤0.21时）	≥6.5	平均值	10.6	变异系数δ	0.06	标准值	9.5

结论：依据GB5101-2003标准，所检验抗压强度符合MU10的页岩砖烧结普通砖要求。

备注：抽样单位：　抽样人：　见证单位：　见证人：

检验单位：天津市建筑工程质量检测中心 天津市质量监督检验站第二十四站　批准：　审核：　编写：

注意事项：
1. 检验报告未加盖“检测机构资质许可标示专用章”无效。
2. 委托检验，复制报告未加盖“检验报告专用章”无效。
3. 检验报告无编写、审核、批准人签章无效。
4. 取样、送样人员对提供的试样真实性和代表性负责。
5. 本机构对检测数据和报告的真实性和准确性负责，检验报告涂改无效。
6. 对检验报告结论若有异议，请于收到检验报告之日起15日内提出，以便及时处理。

图 6.2.4　合格证书

“三复检”——对材料抽查部分进行性能实验，测定其属性值是否符合要求，复检合格后方能入场。

（2）材料的运输与堆放。①烧结多孔砖在运输过程中不得随意抛掷、应使用叉车成捆进行运输，在堆放过程中应分等级按规格大小堆放在坚实的地面上，同时堆放高度不得超过 2m。②ALC 轻质隔墙板由于其尺寸较大，在运输过程中极易磕碰，故应在到场后减少 ALC 轻质隔墙板的运输，在搬运过程中使用尼龙绳进行绑扎、吊车进行调动、推车进行移动，堆放在靠近施工地点，为了防止毛细作用，应在底部垫木方进行支撑，不得直接放于地面上，同时堆放高度不得超过 2m，并加盖雨布防止墙板吸水，见图 6.2.5。

（四）砌体排砖图设计

砌体排砖图设计目前采用两种方式：使用 CAD 软件进行绘制以及采用 BIM 技术进行绘

图 6.2.5 材料堆放

制。本设计采用 CAD 软件对本工程进行排砖图设计。通过对墙面块材进行排版，一方面，可以对结构进行二次深化，对于烧结多孔砖的排版，尽量使用整砖上墙，可以减少材料的消耗，控制材料用量；另一方面，由于 ALC 轻质隔墙板是通过预制加工厂进行尺寸加工，在排版过程中，通过将板材尺寸清单发给加工厂进行定制，可以减少后期施工现场对于板材的切割，达到节约材料、减少建筑垃圾的产生。将砌体排砖图张贴到对应的墙面上，按照图纸进行砌筑，见图 6.2.6。最终确定轴线 2－16 处外墙烧结页岩多孔砖尺寸为 240mm×200mm×90mm，轴线 2－15 处内墙 ALC 轻质隔墙板标准尺寸为 600mm×200mm×2300mm，见表 6.2.4。

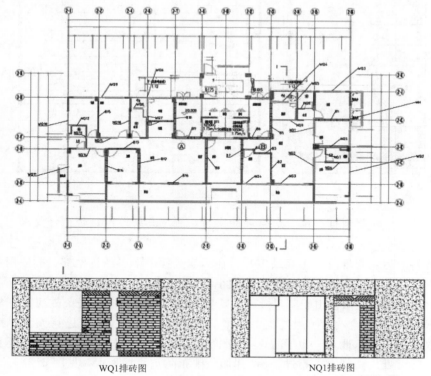

WQ1排砖图　　　　　　　　　　　NQ1排砖图

图 6.2.6　砌体排砖图示例

表 6.2.4　　　　　　　　ALC 板 材 清 单 表

板 材 清 单 表

部位	序号	板材规格/(mm×mm×mm)	数量/块	部位	序号	板材规格/(mm×mm×mm)	数量/块
B1	1	600×200×2450	5	B11	门洞板7	1400×100×600	1
	2	335×200×2450	1		门洞板8	1400×100×325	1
B2	9	600×100×2450	4	B12	1	600×200×2450	2
	10	440×100×2450	1		29	550×200×2450	1
B3	11	600×100×2850	2	B13	9	600×100×2450	2
	12	470×100×2850	1		30	300×100×2450	1
	13	380×100×2850	1		31	365×100×2450	1
B4	14	200×100×2850	1		门洞板9	530×980×100	1
	门洞板2	1000×100×600	1	B14	1	600×200×2450	5
	门洞板3	1000×100×325	1		32	235×200×2450	1
B5	1	600×200×2450	4	B15	9	600×100×2450	5
	15	300×200×2450	1		32	535×100×2450	1
	16	345×200×2450	1	B16	1	600×200×2450	1
	17	250×200×2450	1		33	495×200×2450	1
B6	19	200×200×2450	1	NQ1	3	600×200×2300	2
	20	575×200×2450	1		4	470×200×2300	1
	门洞板5	1300×200×530	1		门洞板1	980×200×380	1
B7	21	600×200×2350	4	NQ2	3	600×200×2300	4
	22	360×200×2350	1		5	460×200×2300	1
	23	470×200×2350	1		门洞板1	980×200×380	1
	24	300×100×2850	1	NQ3	6	480×200×2450	1
B8	21	600×200×2350	3		7	580×200×2450	1
	25	565×200×2350	1	NQ4	8	330×200×2450	2
	门洞板6	1100×200×430	1	NQ9	18	580×100×2450	2
B9	1	600×200×2450	1		门洞板4	1400×100×530	1
	15	300×200×2450	1	NQ11	9	600×100×2450	2
	26	370×200×2450	1		34	570×100×2450	1
	门洞板5	1300×200×530	1		门洞板9	530×980×100	1
B10	1	600×200×2450	5	NQ14	9	600×100×2450	1
	27	435×200×2450	1		35	275×100×2450	1
B11	14	200×100×2850	2		门洞板9	980×100×530	1
	28	475×100×2850	2				

三、砌筑前期

（一）基层清理

控制要点：待主体结构施工完成之后，对楼地面进行清理，主要包括清理地面混凝土浮浆和地面的垃圾和灰尘，同时浇水湿润地面。见图6.2.7。

基层清理　　　　　　　　　　完成效果图

图6.2.7　基层清理

（二）定位放线

控制要点：

（1）根据嘉园滨江综合地产项目2号楼的设计要求，在结构面上弹出相应100mm墙厚和200mm墙厚所在位置的墙身线，并在距离墙200mm处弹砌体方正性控制线，用于控制墙身不会倾斜。见图6.2.8。

设计要求　　　　　　　　　　实际效果图

图6.2.8　定位放线

（2）根据图纸要求对例如轴线2-16位置的C1817以及C0617等窗以及轴线2-B处TLM2126和TLM2426等位置留设门窗洞口位置线。

（3）用红外线扫描仪从地面开始进行测量，设置竖向标高控制线如结构标高一米线等。

（4）弹出构造柱的植筋打孔点位以及拉结筋的植筋点位。

（三）凿毛处理

控制要点：对反坎、混凝土基座以及构造柱部位进行凿毛处理，使用合适的凿毛工具，达到良好的凿毛效果，便于新旧混凝土交接。见图6.2.9。

图 6.2.9　凿毛处理

四、钢筋绑扎

（一）墙体拉结筋

（1）控制要点：本工程设置 2C6 的拉结钢筋，抗震烈度为Ⅵ度，拉结筋长度不小于 1000mm。梁底下留设 200mm 高的顶砌高度，再按照从高到低间隔 500mm 的间隔要求依次进行排列。见图 6.2.10。

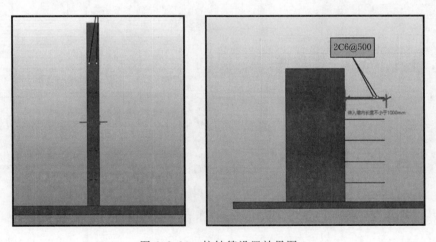

图 6.2.10　拉结筋设置效果图

（2）植筋要求：由于钢筋直径为 6mm，故钻孔大小控制为 10mm，深度为 100mm，采用冲击钻进行成孔，并使用吹风机和毛刷来清除孔壁中的残余杂物，钢筋需要进行除锈处理，再将植筋胶灌入到孔洞内，之后将钢筋慢慢地填充到孔壁中。为了保证植筋胶的稳定，在将钢筋放入位置后，必须放置 48h，整个过程都有专门的人员进行监控，防止被干扰。

（3）拉拔试验：一般在植筋后 48～72h 后进行，根据规范要求，对于一般结构的

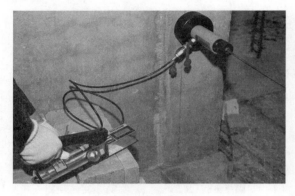

图 6.2.11　拉拔试验

植筋检验批为全部植筋总数的 1% 且不小于 3 根，通过随机选取钢筋进行荷载加载试验，持续 2min 的荷载数值降低幅度不超过 5%，此时钢筋未出现滑动以及混凝土未被拉裂即说明合格。见图 6.2.11。

（4）设计要求：后砌填充墙应当沿框架柱和剪力墙全高设置 2C6 的拉结钢筋，拉结钢筋伸入填充长度应沿墙长全长贯通，且拉结钢筋应该错开隔断，

相距不小于 200mm。

（二）构造柱钢筋

控制要点：

（1）构造柱纵筋设置 4C10 的钢筋，钻孔大小为 14mm，钻孔深度为 300mm，加密区钢筋采用 C6@200，布置位置为构造柱上下 600mm 范围内；非加密区箍筋采用 C6@250 布置在剩余其他部位。见图 6.2.12。

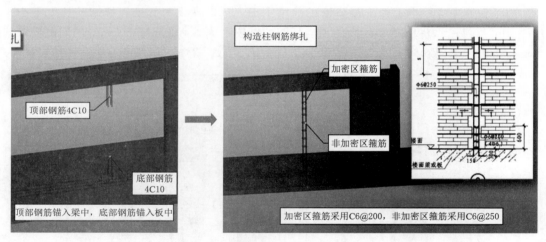

图 6.2.12　构造柱钢筋

（2）后植筋与构造柱纵筋的搭接长度为 500mm。

（3）构造柱拉结筋为 2C6，伸入墙内长度为 1000mm，间距为 500mm，随砌筑过程放置。

（三）钢筋隐蔽工程验收

验收项目见图 6.2.13。

五、反坎与混凝土基座施工

（1）控制要点：凡有水湿房间在浇筑混凝土梁时，在四周做 250mm 高与墙体等宽的 C25 混凝土反坎（门洞口除外），建议反坎与楼地面一同浇筑，地面向地漏找 1% 坡度，并且设置防水隔离层。对于轻质隔墙、加气混凝土砌块砌筑墙体前，应当先浇筑 150mm

高的细石混凝土基座，宽同墙厚。在砌筑前期工作中已经进行了凿毛工作的处理，故先对楼地面进行浇水湿润之后再搭设模板之后进行浇筑混凝土。见图6.2.14。

项　　目		允许偏差（mm）	检　验　方　法
绑扎钢筋网	长、宽	±10	尺量
	网眼尺寸	±20	尺量连续三档，取最大偏差值
绑扎钢筋骨架	长	±10	尺量
	宽、高	±5	尺量
纵向受力钢筋	锚固长度	−20	尺量
	间距	±10	尺量两端、中间各一点，取最大偏差值
	排距	±5	
纵向受力钢筋、箍筋的混凝土保护层厚度	基础	±10	尺量
	柱、梁	±5	尺量
	板、墙、壳	±3	尺量
绑扎箍筋、横向钢筋间距		±20	尺量连续三档，取最大偏差值
钢筋弯起点位置		20	尺量
预埋件	中心线位置	5	尺量
	水平高差	+3，0	塞尺量测

注：检查中心线位置时，沿纵、横两个方向量测，并取其中偏差的较大值。

图6.2.13　钢筋隐蔽工程验收

（2）施工要求：

1）模板的安装：①采用顶板木架＋内撑条的方式，以不超过600mm的间隔来加强；②在安装模板之前，为了进行更好地脱模，应先进行脱模剂的喷涂；③在模板的外面，一定要有木方，木方要用刨子进行压削，以保证木板的平整度和刚性；④采用下口加压条或打定位，保证根部的精确定位，不得漏浆，不得漏模。

2）浇筑混凝土：①在进行反坎施工之前，需经工程、质量和技术等部门的联合检查，才可以进行混凝土的浇筑；②反坎的混凝土为C25强度混凝土；③在浇筑混凝土时，应采用小振锤，将其振捣紧实。

（3）收面：混凝土地面要比模板低10mm，在收面过程中，要用刮刀将模板刮平，并保证线迹整齐。

六、砌筑过程

（一）烧结多孔砖砌筑

（1）工序：立皮数杆→砌筑→构造柱拉结筋→留设缝隙→顶砌。见图6.2.15。

（2）控制要点：本部分以2−16轴线处外墙为例进行表述，在砌体排砖过程中，由于本墙净高为2650mm，预留顶砌位置为200mm，烧结多孔砖尺寸为240mm×200mm×90mm，且窗洞口位于结构标高850mm处，故导墙部位为250mm，采用规格为200mm×95mm×53mm的实心砖进行砌筑，采取一顺一丁的砌筑形式。水平灰缝厚度为9.5mm，

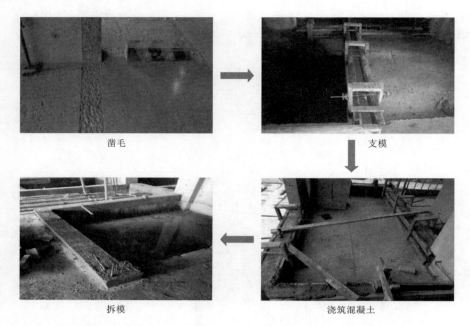

图 6.2.14 反坎施工

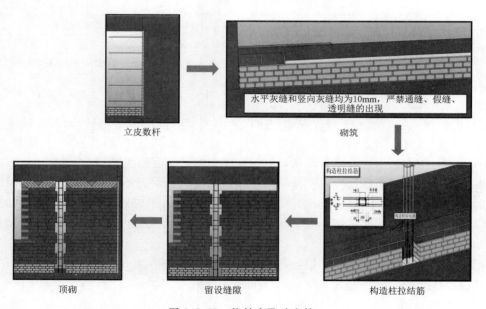

图 6.2.15 烧结多孔砖砌筑

竖向灰缝厚度为 10mm；烧结多孔砖采用全顺的砌筑方式进行砌筑，水平灰缝和竖向灰缝均为 10mm，顶砌部位高度为 200mm，采用实心砖斜砌，斜砌角度为 45°。

（3）施工要求：①烧结页岩多孔砖砌筑前一定要确保提前 1～2d 进行湿润，要求含水率为 60%～70%、切忌干砖上墙。②在一般室内温度情况下，砂浆的铺浆长度不得大于 700mm，当温度超过 30℃时，砂浆的铺浆长度应小于 500mm。③砌筑过程中不得出现通缝、假缝、透明缝。④在砌块砌筑过程中一定要进行勾缝，确保工程的整齐美观。

（4）顶砌要求：为了满足结构抗震要求和墙体稳定性，故砌筑时，不能一次直接砌筑到梁底部，根据之前的排砖过程，本工程预留 200mm 的空隙用于顶砌位置，在填充墙砌筑 14d 之后，才能进行顶部的砌筑；根据 200mm 的空隙提前预制三角形混凝土预制块，灰砂砖的斜砌角度为 45°，两侧斜砌成倒八字形状。

（二）ALC 轻质隔墙板砌筑

（1）工序：配板 → 安装管卡 → 配制粘结剂 → 安装墙板 → 板面处理 → 报验。见图 6.2.16。

图 6.2.16　ALC 隔墙板安装

（2）控制要点：本部分为轴线 2～15 处内墙为例做详细表述。在砌体排砖设计过程中，由于本墙体净高为 2550mm，由于轻质隔墙下部需要做高度为 150mm 的细石混凝土基座，上端留缝 20mm，用专用填补剂进行填补，下端留缝 30mm，用 1：3 水泥砂浆嵌填密实，故 ALC 隔墙板标准板尺寸为 2300mm×600mm×200mm。此处有三处均门为 M0921，门洞口宽度为 900mm，高度为 2100mm。由于图纸上标注的门垛位置为 100mm，考虑到施工的便捷性，此处将柱优化为构造柱进行施工。

（3）施工要点：

1）根据砌体排砖图进行配板，此处标准板为 600mm×200mm×2300mm，非标准板尺寸分别为 470mm×200mm×2300mm 和 460mm×200mm×2300mm，门洞板为 980mm×200mm×380mm，切记 ALC 轻质隔墙板长度小于 200mm，不得上墙。

2）将管卡安装在 ALC 轻质隔墙板两端距离板边 80mm 上下端各设置一个。

3）配置 ALC 隔墙板砌筑专用粘结剂；隔墙板与结构柱和墙以及梁底与楼板底相连接时采用专用粘结剂，对于 ALC 轻质隔墙板与混凝土地面和细石混凝土基座相连接处采用 1：3 水泥砂浆进行填充，本工程上端留缝 20mm，下端留缝 30mm。

（4）安装过程：墙面板的安装采用竖直安装，门窗洞口处采用横板形式安装，首先将管卡按照上下端各一个，距离板边 80mm 设置；再由两位工人协同进行施工，将板先放置在定位放线的位置处，对板顶和板侧相嵌合部位涂抹粘结剂之后，先从墙柱边进行安装再通过撬棍墙板顶起与梁相结合，利用射钉枪固定好上端位置，底部用木楔顶住，通过水平尺和靠尺检测墙面的垂直度和水平度，待安装核验完毕后对板材进行固定，再使用填充剂和砂浆进行填充。待水泥砂浆结硬后再取出木楔，使用同质砂浆填补留下的孔洞。见图 6.2.17。

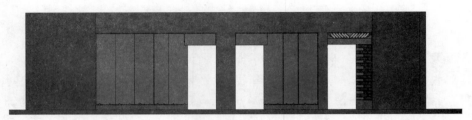

图 6.2.17　轴线 2−15 处内墙模型图

七、门窗洞口预制块

根据图纸设计要求，门窗洞口周边 200mm 范围内应用混凝土实习砌块或 C20 细石混凝土填实。故在门窗洞口周围布置 C20 的混凝土预制块，尺寸规格为 200mm×200mm×90mm，采用隔一放一原则，随砌筑过程一并进行安装。见图 6.2.18。

八、窗台压顶

控制要点：窗洞口宽度不小于 900mm 时，在窗台部位设置现浇钢筋混凝土压顶，截面面积为 200mm×100mm，压顶两端伸入砌体内不小于 400mm，内部配置纵筋 2C10，水平分布钢筋为 C6@200。由于此处窗台位于柱边，故采用植筋＋现浇形式进行施工，压顶高度为 100mm，防水的要求下，要求内高外低，坡度为 10%。见图 6.2.19。

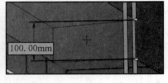

图 6.2.18　门窗洞口预制块　　　　图 6.2.19　窗台压顶

九、梁

（一）水平系梁

设计要求：当填充墙高度超过 4m 时，应在墙体高度中部，设置与框架柱剪力墙或构造柱拉结的，且全长贯通的水平系梁，当水平系梁与门窗洞口过梁标高相近时，应与过梁合并设置。截面尺寸及配筋取二者之大值。见图 6.2.20。

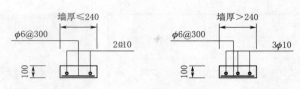

图 6.2.20 水平系梁（单位：mm）

本工程墙高均不超过 4m，故本工程不设置水平系梁。

（二）过梁

（1）设计要求。

1）填充墙门洞口上部应设置钢筋混凝土过梁，施工时具体尺寸及钢筋配置选择如图 6.2.21 所示。

门窗洞口过梁选用表				
洞宽 L_n/mm	h/mm	①	②	③
$L_n \leq 1000$	120	2 Φ 8	2 Φ 8	Φ 6@200
$1000 < L_n \leq 1500$	120	2 Φ 10	2 Φ 8	Φ 6@150
$1500 < L_n \leq 2100$	180	2 Φ 12	2 Φ 8	Φ 6@150
$2100 < L_n \leq 2700$	180	2 Φ 14	2 Φ 10	Φ 6@150
$2700 < L_n \leq 3300$	240	3 Φ 14	2 Φ 10	Φ 6@150
$3300 < L_n \leq 4200$	300	3 Φ 16	2 Φ 12	Φ 6@150

附注：a) 表中过梁荷载仅考虑过梁自重和过梁上 240 厚、$L_n/3$ 高度的普通砖墙或 $L_n/2$ 高度的空心砌块墙体均布荷载，当超过此荷载或梁上作用有其他荷载时另详施工图设计。

b) 当洞口尺寸超过表中数值时，过梁另详施工图设计。

图 6.2.21 门窗洞口过梁选用表

2）当门窗及设备洞口高度距离钢筋混凝土梁底间距小于过梁高度时，改为在钢筋混凝土梁底直接挂板见图 6.2.22。本工程未出现此类情况，故不采用梁底挂板。

（2）控制要点：填充墙门窗顶端需要设置钢筋混凝土过梁，但由于轴线 2-16 处外墙窗户顶标高均位于梁底端，故本工程窗洞口均不需要设置过梁。在内墙除卫生间以外墙体采用 ALC 轻质隔墙板，故只有在卫生间门口处需要设置过梁，且门洞口小于 1000mm，过梁高度设置为 120mm，伸入砌体的长度为 240mm，梁底和梁顶钢筋均为 2C8，箍筋采用 C6@200。见图 6.2.23。

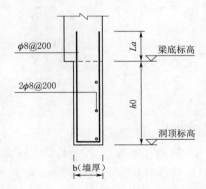

图 6.2.22 梁下挂板（单位：mm）

（3）凡在混凝土墙、柱边的门窗及设备洞口洞顶的过梁均采用后植筋的方式进行施工，由于需要设置过梁的洞口宽度均小于 1000mm，故后植筋在钢筋混凝土墙柱外的长度为 320mm。

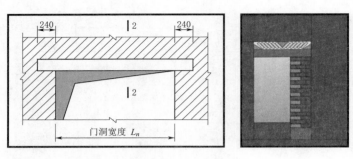

图 6.2.23　过梁设置（单位：mm）

十、构造柱

（一）马牙槎的砌筑

以本工程图纸轴线 2 - 16 处与轴线 2 - G 处应当设置构造柱，此处位于烧结页岩多孔砖材料与 ALC 轻质隔墙板材料相连接处，按照规范要求应当设置构造柱。此处采用一字形构造柱，为使构造柱墙体更好的连接，应当在砌筑过程中留设马牙槎，马牙槎采用先退后进的形式，对上述节点做介绍，马牙槎宽度为 60mm，高度为底下部位灰砂砖砌筑处高度为 260mm，往上高度为 290mm、310mm 依次交接，顶部高度为 300mm。构造柱处的拉结钢筋应沿砌筑全长进行通长设置，拉结筋间隔不应超过 500mm 设置 2C6 拉结筋。沿砌体马牙槎凹凸边缘贴上海绵条。见图 6.2.24。

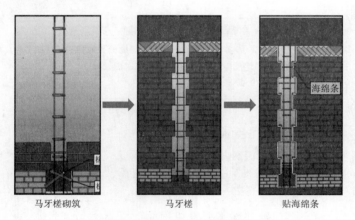

马牙槎砌筑　　　　　　马牙槎　　　　　　贴海绵条

图 6.2.24　马牙槎砌筑流程

（二）构造柱支模

构造柱的对拉螺杆不得设置在砌体墙位置，由于两种材质不同之后进行洞口的填补，导致两种材料不能很好融合，会形成漏水漏风的可能性；以本工程轴线 2 - G 与轴线 2 - 16 相交处构造柱为例，此构造柱高度为 2650mm，构造柱模板垂直加固的第一道距离地面 300mm，以上距离为 420mm；构造柱模板顶部要设置高于梁底标高 50mm 的喇叭口，便于进行混凝土的浇筑。见图 6.2.25。

（三）构造柱混凝土浇筑

在混凝土浇筑过程中使用搅动棒进行搅拌，分层进行浇筑，要求每层浇筑高度不超过

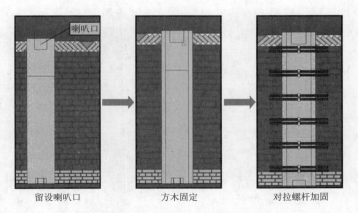

图 6.2.25 构造柱支模流程

2m。重点区域即是两侧模板处位置进行敲击，使两侧模板处能够与混凝土相恰当，在拆模后，表面不能有任何的气泡。混凝土浇筑时切记要将喇叭口一同浇筑完成，不得偷工减料，等到混凝土强度达到要求后再将喇叭口处混凝土进行切割。见图 6.2.26。

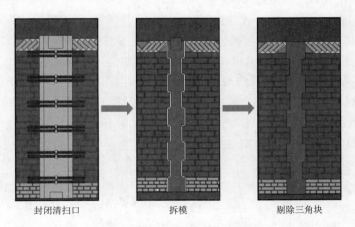

图 6.2.26 构造柱浇筑与拆模

十一、预留空调孔

（1）工序：空调孔预制块制作→排砖→砌筑空调孔预制块。

（2）控制要点：根据嘉圆滨江综合地产项目 2 号楼建筑图纸可知，空调孔的预埋位置处于轴线 2 - A 与轴线 2 - B 之间，墙厚为 200mm，混凝土预制块应同墙厚，故厚度为 200mm，按照设计要求预埋 ϕ80PVC 套管，其长度和宽度均大于 300mm，且需要符合砌块模数，故长度和宽度均为 400mm，同时位置上要求中距地 2200mm，距离相邻墙边和柱边 200mm，见图 6.2.27。可以通过现场自行制作也可以通过将尺寸发给预制工厂进行预

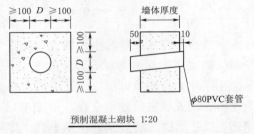

预制混凝土砌块 1:20

图 6.2.27 预制混凝土砌块（单位：mm）

制，根据以上要求进行排砖后，在砌筑过程中一并砌筑到墙体内。

（3）施工要点：①空调孔预制块的混凝土强度等级为C20。②提前预埋PVC管，要求管口应内部高于外部，高度差为30m。PVC管两端需要使用胶布等密封好，避免堵塞，拆模、养护到满足使用要求后方可砌筑；空调孔预制块的安装应与砌筑过程同时进行。

图 6.2.28　管线开槽及修补

十二、管线开槽及修补

（1）控制要点：首先根据图纸要求对线管和线盒部位进行弹线定位，使用专用工具如切割机等进行管线开槽，切忌乱使用工作破坏整个墙面的完整性和稳定性；一般单根管线的槽宽为40mm，两根管线槽宽为70mm，槽深为30mm，线盒的开槽规格一般为100mm×100mm，槽深为50mm；开槽完成后将管线和线盒铺设进槽中，之后使用进行两次细石混凝土进行填塞，最后挂钢丝网进行加设300mm宽镀锌钢丝网挂贴牢靠。

（2）注意事项：ALC轻质隔墙板不得横向开槽，纵向开槽不宜大于1/3板厚；管线铺设牢靠后铺贴耐碱玻纤网格布，采用专用材料修补槽口防止防裂。见图6.2.28。

十三、成品保护

（1）水电通风等管线和其他预埋构件要注意成品保护，严防在之后的施工中造成磕碰破损。

（2）对于墙脚部位应设置保护措施，防止由于运料车的不平稳运输造成墙体缺棱掉角。

（3）给排水、电力等专业必须和土建专业积极沟通配合，避免之后的施工对墙体造成破坏。

（4）在翻动和拆卸支架时，要特别注意，以免破坏墙体。要及时采取防护措施。防止由于工序交叉而引起的污染及损害。

第三节　砌体工程质量通病防治手册

本章结合砌体工程的施工特点以及收集到的目前砌体工程施工中的常见质量问题、特殊部位撰写关于砌体工程质量通病防治手册。通过对常见质量通病问题的错误做法图片与标准化图片进行比照分析，究其原因，并对症下药得到防治和解决措施，整理成册后，便于现场管理人员进行技术交底，更直观更清晰地了解此类质量通病，对于预防和解决此类问题提供了解决方法，从而达到提高工程质量的目的。

表6.3.1　质 量 通 病 及 防 治 表

序号	常见问题	原因及后果	质量通病示例	防治和解决办法	标准化做法
1	竖向灰缝出现通缝、假缝、瞎缝和透明缝	1. 砌体施工之前未按照要求进行砌体排砖。2. 工人在操作过程中未按照技术交底进行施工操作		1. 进行砌体排砖，将排砖图打印出来贴到墙边进行施工指导。2. 可采用BIM建模形式进行现场技术交底工作。3. 对于出现假缝、瞎缝、透明缝的墙体可以在砌块表面挖出30mm深的凹槽，待其达到湿润状态后使用砂浆将凹槽填满	
2	砂浆不够饱满、没有勾缝	1. 砂浆超过规定使用时间继续使用，砌筑砂浆配合比未达到要求。2. 工人操作不认真。		1. 对于烧结多孔砖而言应当提前湿润，不能让干砖直接上墙。2. 改变砂浆的配比方式，使其达到强度要求，同时须在规定时间内将其使用完。3. 技术交底过程中强调要使用勾缝工具对其进行勾缝处理	
3	砌块不平整、缺棱掉角	1. 砌块在存放和使用过程中未保管妥当。2. 没有使用恰当的工具进行切割		1. 存放和拿取过程中应当心注意，不能粗心大意导致砌块磕破。2. 应当使用给的工具进行切割。3. 对于明显缺棱掉角的砌块，不应上墙	

续表

序号	常见问题	原因及后果	质量通病示例	防治和解决办法	标准化做法
4	不同种类的砖混合砌筑在一起（烧结页岩多孔砖与混凝土加气块砌筑在一起未设置构造柱）	原因：技术交底不明确。后果：导致交接处不够稳定		1. 对于强度不同、种类不同的砖不能混合砌筑在一面墙上，同时两种材料交界处应当设置构造柱。2. 本工程墙体采用两种材料进行砌筑，在砌体排砖过程中应当时刻注意交接位置、设置构造柱	
5	不符合规格的小砖上墙	1. 未进行砌体排砖，直接进行砌筑。2. 在排砖过程中疏忽，忘记小于三分之一的砖不得上墙		1. 在砌筑之前进行砌体排砖，时刻注意尺寸小于1/3的砖不得上墙。2. 本工程采用240mm×200mm×90mm规格的烧结多孔砖，应注意尺寸小于80mm的砖不得上墙。3. ALC轻质隔墙板宽度小于200mm的也不得上墙	
6	顶砌一次直接砌筑到顶、没有间隔时间	1. 未进行技术交底工作。2. 施工过程中工人随意操作		1. 填充墙体砌筑过程中应当预留适当的空隙用于顶砌，同时应间隔14d后进行施工。2. 本工程砌筑预留200mm空隙、斜砌砖角度为45°	

续表

序号	常见问题	原因及后果	质量通病示例	防治和解决办法	标准化做法
7	砌筑过程中一天的砌筑高度超过1.5m	砌筑高度超过1.5m，砂浆和墙体之间的粘结不够稳定，影响墙体的稳定性		1. 对该要求严格作技术交底给工人。 2. 现场管理人员应当进行巡查，发现此类现象立即要求停止施工	
8	过梁、压顶的混凝土质量不合格	1. 预制过梁和压顶过程中未在平整的场地进行。 2. 在浇筑混凝土过程中操作失误		浇筑过梁和压顶时应保证下部平整硬实，同时采用振动机器捣密实	
9	过梁伸入长度太短	1. 未按照设计要求预制合适尺寸的过梁或选错过梁进行安装。 2. 技术交底不够明确		1. 对于伸入长度达到240mm要求的过梁可以采用预制构造柱的形式，随砌筑过程进行安装。 2. 对于伸入长度达不到240mm的过梁如门窗洞口就在墙、柱边应当采用植筋方式再现浇过梁	

续表

序号	常见问题	原因及后果	质量通病示例	防治和解决办法	标准化做法
10	超过300mm的洞口处未设置过梁	施工人员操作失误		1. 超过300mm的洞口上端应当设置构造柱，不然会由于变形导致之后预制构件无法安装。 2. 应当在施工之前进行技术交底	
11	门窗框两侧未设置混凝土预制块	未设置混凝土预制块影响之后门窗框的安装		1. 门窗洞口200mm范围内应设置强度等级为C20的混凝土预制块，采用随砌墙砖一起砌筑，按照隔一放一原则进行安装。 2. 应当在排砖过程中考虑到混凝土预制块的存在，进行砌块排布	
12	顶砌的预留高度不够	1. 未按照要求进行施工。 2. 留置高度大低可能导致后期墙体变形影响最后的质量		1. 利用皮数杆或皮数线对顶砌预留高度进行控制。 2. 在施工过程中严格按照皮数杆和皮数线进行砌筑施工	

续表

序号	常见问题	原因及后果	质量通病示例	防治和解决办法	标准化做法
13	顶部砌部斜砖的角度不合理	1. 技术难度较大。2. 施工过程中随意操作		1. 顶部砌筑应当使用整块准砖进行斜砌，而不是使用两块准砖拼凑在一起，达到满足高度的要求。2. 斜砌角度为45°~60°较为适宜	砌体
14	未设置构造柱	1. 技术交底不明确。2. 未设置构造柱会导致墙体整体性和抗震性达不到设计要求		1. 在墙长超过5m或达到墙高两倍处应当设置构造柱。2. 在本工程应当注意内外墙交接处的材料不同设置构造柱。3. 构造柱的拉结沿墙全长进行布置	
15	构造柱的对拉螺杆通过砌体墙进行加固	对拉螺杆留下的孔洞需要使用混凝土进行填实，砌体墙和混凝土属于两种材质，不能很好地相嵌		对拉螺杆应设置在构造柱处，严格按照规定去施工	

续表

序号	常见问题	原因及后果	质量通病示例	防治和解决办法	标准化做法
16	反坎部位未凿毛	1. 技术交底不明确、工人施工操作失误。2. 反坎部位未凿毛会导致新旧混凝土之间不能很好地连接		1. 有条件的情况下，建议反坎浇筑面和楼面进行一次浇筑。2. 未一次性浇筑成型，反坎浇筑前需要对楼板面和侧墙等部位进行凿毛处理，将垃圾清理干净，并洒水湿润、充分振捣，提高反坎的混凝土质量	
17	构造柱的混凝土疏松、顶部不密实	1. 未使用振捣棒进行振捣。2. 上部未设置喇叭口。3. 拆模后没有发现问题并进行二次修补		1. 在构造柱支模的时候留设喇叭口，并在浇筑过程中将喇叭口也浇筑完，之后达到混凝土强度之后再切除，浇筑过程中使用振捣棒进行振捣。2. 拆模后认真检查发现问题及时进行二次修补	
18	未设置圈梁	1. 技术交底不够明确。2. 未设置圈梁会导致墙体整体抗震性能大打折扣		墙高超过4m时或对应半层层高或墙高于3m时应在门窗洞口顶处或门窗洞顶设钢筋混凝土圈梁	

序号	常见问题	原因及后果	质量通病示例	防治和解决办法	标准化做法
19	ALC轻质隔墙板开裂	1. 未做好进场验收工作。2. 运输过程中受到磕碰		1. 在进场验收工作时应严格按照"一看、二查、三复检"的要求，做好材料进场验收工作。2. 在运输和堆场中避免发生磕碰。3. 对于有开裂的板体不得上墙。	
20	ALC轻质隔墙板位置偏差	1. 工人安装时未按照控制线安装。2. 工人工作不时，固定管卡不牢靠，出现松动。3. 填缝剂和1:3水泥砂浆补浆不均匀		在墙板安装过程中，对墙板进行实测实量，垂直度和平整度满足要求之后再固定管卡。	
21	ALC专用砂浆不合格	1. 砂浆配合比不符合要求。2. 砂浆中未添加搅和剂		1. 材料进场时严格按照材料进行材料验收。2. 砂浆拌制过程中严格按照配合比进行搅拌，确保专用用砂浆的质量	

续表

序号	常见问题	原因及后果	质量通病示例	防治和解决办法	标准化做法
22	不合适尺寸的板材上墙	1. 未进行板材排版。 2. 对规范范围不够了解。 3. 未按照图纸施工		1. 进行板材交给板材排版，将板材清单交给加工厂进行加工。 2. 尺寸小于 1/3 的板材不得上墙	
23	隔墙板拼接部位出现裂缝	1. 拼接缝处未挂网加强。 2. 砂浆的等级不同，导致收缩性不同。 3. 底部砂浆未结硬，就将木楔取出		1. 对拼接缝处挂网加强。 2. 使用相同等级的砂浆。 3. 木楔要待底部砂浆结硬后取出，再用同质水泥砂浆填实	
24	开槽将板材破坏	1. 板材不合格。 2. 未使用专用开槽机进行开槽。 3. 开槽位置位于拼接部位		1. 使用专用开槽机器进行开槽。 2. 严格做好材料进场工作。 3. 对于处于拼接部位的管槽，应上报进行修改	

第四节 数字化技术交底

建筑信息模型（BIM）是创建和管理建筑资产信息的整体流程。BIM 基于由远程平台支持的智能模型，将结构化、多领域数据整合在一起，以在其整个周期（从规划和设计到施工和运营）内生成资产的数字表示。

本章使用 BIM 技术对砌体工程施工进行模拟，以某轴线处外墙和某轴线处内墙为案例进行模型创建，制作施工模拟动画，将二维图纸进行三维创建再通过可视化的形式展示出来，生动形象，指导现场施工。

一、族的创建

本设计将根据砌体工程该部分对进行施工模型交底。由于工程内外墙采用不同材质，故选用两处墙体建模进行展示，由于本次研究深化到零件层面，故 Revit 软件自身自带的族库不能满足使用要求，根据砌体工程所需构件进行 Revit 族的创建，以下选取部分族进行介绍。

（一）烧结页岩多孔砖族

选择"公制常规模型"进行创建，烧结页岩多孔砖族为长方体结构，尺寸规格为 240mm×200mm×90mm，使用"拉伸"命令进行创建，确定烧结页岩多孔砖族的长度为 240mm 和宽度为 200mm，为此添加参数，再转到前立面视图中对高度为 90mm 进行标注添加参数。同时添加"材质"参数对其选择相应的材质赋予其颜色。见图 6.4.1。

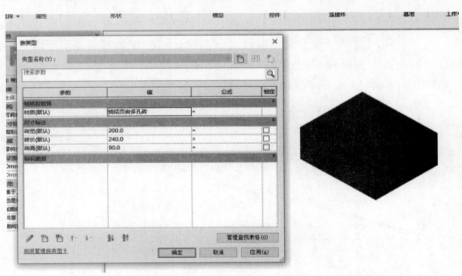

图 6.4.1 烧结页岩多孔砖族

（二）ALC 轻质隔墙板族

ALC 轻质隔墙板族的创建过程与上述过程大同小异，考虑到 ALC 轻质隔墙板可以随意进行切割的性质，在其标准板族的基础上进行修改，首先通过"拉伸"命令对 ALC 轻质隔墙板标准板进行创建，设置其长度为 600mm，宽度为 200mm，高度为 2300mm，并添加到参数当中，由于 ALC 轻质隔墙板可以随意对长度和高度进行切割，对标准板进行"空心拉伸"，将切割长度和切割高度进行标注后设置为参数，之后导入到项目中即可对参数进行修改达到随意切割的要求。见图 6.4.2。

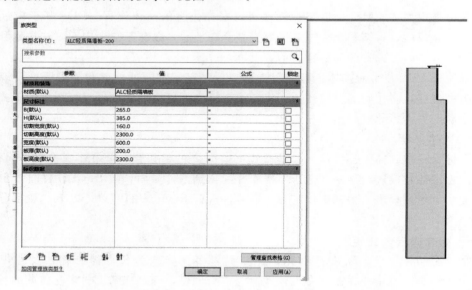

图 6.4.2　ALC 轻质隔墙板族

（三）钢筋族

钢筋是类圆柱体结构，并且需要进行弯曲，故"拉伸"命令再对于钢筋族的创建便不是很恰当。此处使用"放样"命令对钢筋族进行创建，同样在参照标高平面内对钢筋的放样路径进行绘制，此时需要注意钢筋弯曲长度为钢筋直径的两倍，在选择轮廓创建转入到"左立面"视图中绘制钢筋的横断面，设置相应参数，即可完成钢筋族的创建。见图 6.4.3。

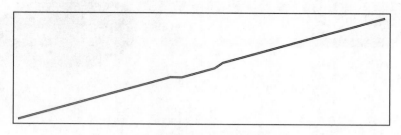

图 6.4.3　构造柱拉结筋族

其他构件如灰缝、混凝土预制块等的创建方式和上述使用方法基本相同，此处不再做过多介绍。

由于砌体排砖整个过程，如果是要将砖一块一块的布置到相应的位置上，将耗费大量的时间和精力去做重复的工作，所以提高砌体排砖的工作效率，可以通过创建"排砖族"的形式进行简化工作。

（四）排砖族

选择"基于线的公制常规模型"进行创建，将之前创建好的"烧结页岩多孔砖族"和"灰缝族"载入到"排砖族"中，将其创建实例，并通过对齐命令与参照线进行锁定，由于烧结页岩多孔砖采取全顺的砌筑形式，故长度＝烧结页岩多孔砖个数×标准砖长度＋（烧结页岩多孔砖个数−1）×灰缝宽度（10mm）＋非标准砖长度，根据上述公式对多孔砖进行阵列命令，将阵列参数设置为多孔砖个数。添加一个中间参数"m"，m＝长度/（标准砖长度＋10），标准砖个数＝if[长度−m×标准砖长度−（m−1）×灰缝宽度（10mm）＞0，m，m−1]，通过上述两个公式即可获得烧结页岩多孔砖的标准砖个数。再通过创建非标准砖示例，设置"非标准砖长度"参数，通过参数设置：非标准砖长度＝长度−标准砖个数×（标准砖长度＋10），即可完成第一排的排砖，采用全顺砌筑方式，由于有错缝要求，故第二排首砖即为半砖进行排布，后续操作和上述基本相同，即可完成第二排的排砖工作，并以此为排砖族载入到项目中，即可通过改变长度参数，控制整个砖的排布，很大程度上减轻了工作量，提高排砖效率，导入到其他项目中也可以进行使用。见图 6.4.4。

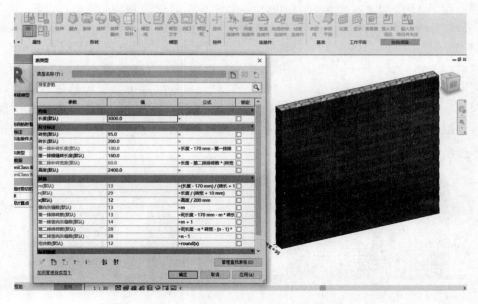

图 6.4.4 排砖族

二、模型创建

（一）外墙模型

此模型基本数据情况如下：墙净高为 2650mm，结构梁高 500mm，墙全长为 7600mm，其中有两个窗户，其中之一是 C1817，窗洞口宽度为 2800mm，高度为 1700mm；另一个窗户是 C0617，窗洞口宽度为 600mm，高度为 1700mm。由于此处墙体处于内外墙交界之处，砌筑材料不同故需要设置构造柱，构造柱截面为 200mm×200mm，马牙槎宽度为 60mm，根据砌体排砖设计，采用 240mm×200mm×90mm 的烧结页岩多孔砖，灰缝厚度为 10mm；马牙槎底部高度为 260mm，再往上高度为 290mm

（烧结多孔砖高度×3＋灰缝高度×2），在往上高度为 310mm（烧结多孔砖高度×3＋灰缝高度×4）。通过将先前建立好的族库导入到 Revit 项目当中，按照图纸设计要求和规范要求进行 Revit 模型的创建。见图 6.4.5。

图 6.4.5　外墙

（二）内墙模型

此模型基本数据情况如下：墙净高为 2500mm，其中反坎高度为 300mm，细石混凝土基座高度为 150mm，墙全长为 7900mm，其中包括 3 个门均为 M0921，其门洞口宽度为 900mm，高度为 2100mm。经砌体排砖设计，采用规格为 600mm×200mm×2300mm 的 ALC 轻质隔墙板作为标准板进行施工，其中两板相嵌合部位灰缝厚度为 5mm，ALC 轻质隔墙板上端留缝 20mm，使用专用填补剂进行填补，下端留缝 30mm，使用 1∶3 水泥砂浆嵌填密实，特别注意的是非标准板的 ALC 轻质隔墙板也需要与板进行嵌合，注意切割的部位，本工程使用管卡法对 ALC 轻质隔墙板进行安装。然后通过调整族的属性和参数将族创建实例，通过"参照平面"确定位置，再放置到指定位置，完成模型的创建过程。见图 6.4.6。

图 6.4.6　内墙

三、CATIA Composer 施工动画

通过将三维视图 .sat 格式文件导入到软件中，其所有构件将被软件自动分解成装配体中的零件，且丢失了之前在 Revit 软件中所设置的材质信息，需要对该模型的零件通过属性设置重新对其进行颜色的赋予。

由于模型创建之后是整个施工完成之后的情况，通过创建视图的方式，将画面设置为关键帧，采用一个倒叙的装配过程，进行整个动画的制作，其中画面中可调整视口和增加 2D 图片、2D 文本以及标签对模型进行更好地讲解，最后导模拟施工动画视频，用于讲解整个施工的全过程，进行可视化技术交底工作。见图 6.4.7～图 6.4.9。

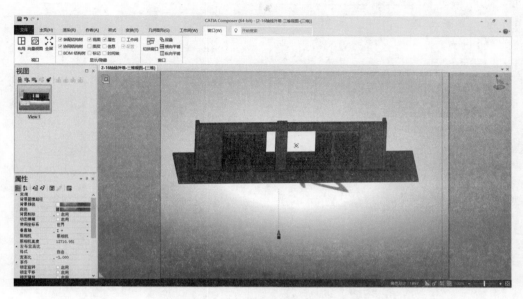

图 6.4.7 CATIA Composer 软件界面

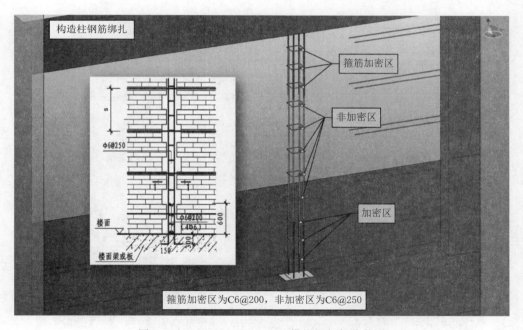

图 6.4.8 CATIA Composer 模拟视频部分截图

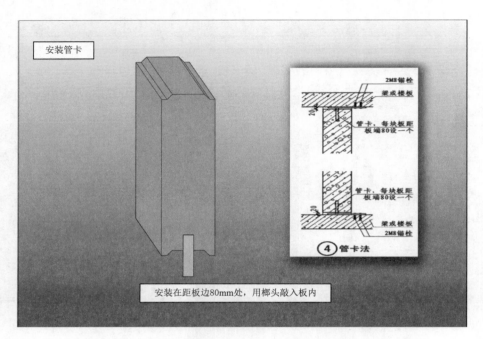

图 6.4.9 CATIA Composer 模拟视频部分截图

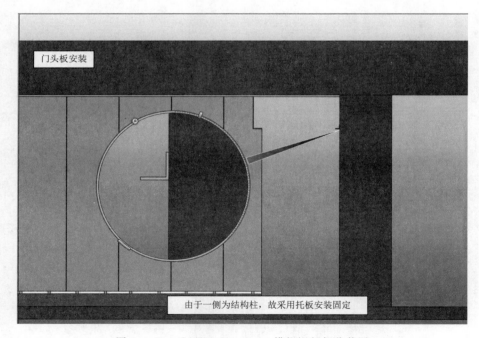

图 6.4.10 CATIA Composer 模拟视频部分截图

第七章 钢 筋 工 程

第一节 标准化施工策划书

一、编制依据

（1）《中共中央国务院关于进一步加强城市规划建设管理工作的若干意见》。

（2）《中共中央国务院关于开展质量提升行动的指导意见》。

（3）《国务院办公厅关于促进建筑业持续健康发展的意见》。

（4）《住房城乡建设部关于开展工程质量管理标准化工作的通知》（建质〔2017〕242号）等文件精神。

（5）住房城乡建设部推广《工程质量安全手册（试行）》。

（6）《江西省开展房屋建筑和市政基础设施工程质量管理标准化工作实施方案》（赣建质〔2018〕19号）。

（7）《江西省工程质量安全手册实施细则（试行）》的通知，由江西省住房和城。

乡建设厅关于印发。

（8）江西省住房和城乡建设厅关于推进工程质量管理标准化实施与评价工作的通知（赣建质监字〔2019〕11号）。

（9）《土木工程施工》（第五版），毛鹤琴主编，武汉理工大学出版社出版。

（10）16G101-1《混凝土结构施工图平面整体表示方法制图规则和构造详图（现浇混凝土框架、剪力墙、梁、板）》。

（11）16G101-2《混凝土结构施工图平面整体表示方法制图规则和构造详图（现浇混凝土板式楼梯）》。

（12）16G101-3《混凝土结构施工图平面整体表示方法制图规则和构造详图（独立基础、条形基础、筏形基础及桩基承台）》。

（13）JGJ 18—2012《钢筋焊接及验收规程》。

（14）JGJ 107—2016《钢筋机械连接技术规程》。

（15）GB 50204—2015《混凝土结构工程施工质量验收规范》。

（16）GB 50666—2011《混凝土结构工程施工规范》。

二、项目总体概况

（一）总体概况

工程总体概况见表7.1.1。

表 7.1.1 工 程 总 体 概 况

项目名称		某综合地产项目			
建设单位		某房地产开发有限责任公司			
建设地点		(略)			
建设楼栋		1号办公	2号住宅	3号住宅	4号商业及配套用房
功能布局		办公楼,地下2层,地上为24层	住宅楼,地下2层,地上为17层	住宅楼,地下2层,地上为14层	商业建筑,地下2层,地上为4层
所属气候分区类型		夏热冬冷			
建筑高度/m		98.95	53.55	44.1	16.2
建筑类别		一类高层公共建筑	二类高层民用建筑	二类高层民用建筑	二类多层公共建筑
主要结构形式		框架-剪力墙结构	框架-剪力墙结构	框架-剪力墙结构	框架结构
设计使用年限		50年			
抗震设防烈度		Ⅵ度			
建筑规模/m²	建筑占地面积	1271.41	354.4	610.51	828.48
	总建筑面积	27618.37	5602.39	7478.09	3138.97
	计容面积	27583.00	5559.89	7411.87	2878.81
	不计容面积	35.37	42.5	66.22	260.16

(二)结构设计概况

1. 普通钢筋和钢材

普通钢筋:"ϕ"表示 HPB300 钢筋,$fy = fy' = 270\text{N/mm}^2$;HRB335 钢筋,$fy = fy' = 300\text{N/mm}^2$;HRB400 钢筋,$fy = fy' = 360\text{N/mm}^2$;HRB500 钢筋,$fy = fy' = 435\text{N/mm}^2$。

2. 混凝土保护层

在本项目图纸中,设计使用年限达到 50 年的混凝土结构,其最外层钢筋的混凝土保护层最小厚度见表 7.1.2 中所述。

表 7.1.2 混凝土保护层厚度对应表 单位:mm

环境类别	板、墙、壳	梁、柱、杆
一	15	20
二 a	20	25
二 b	25	35

3. 普通钢筋锚固

(1)抗震设计受拉钢筋的基本锚固长度 $LabE$ 及非抗震设计受拉钢筋的基本锚固长度 Lab 根据表 7.1.3。

(2)抗震设计受拉钢筋的锚固长度 LaE 及非抗震设计受拉钢筋的锚固长度 La 根据见表 7.1.4。

表 7.1.3　　　　　　　　　　钢筋基本锚固长度对应表

钢筋种类	抗震等级	混 凝 土 强 度 等 级								
		C20	C25	C30	C35	C40	C45	C50	C55	≥C60
HPB300	一、二级（LabE）	45d	39d	35d	32d	29d	28d	26d	25d	24d
	三级（LabE）	41d	36d	32d	29d	26d	25d	24d	23d	22d
	四级（LabE）非抗震（Lab）	39d	34d	30d	28d	25d	24d	23d	22d	21d
HRB400	一、二级（LabE）	—	46d	40d	37d	33d	32d	31d	30d	29d
	三级（LabE）	—	42d	37d	34d	30d	29d	28d	27d	26d
	四级（LabE）非抗震（Lab）	—	40d	35d	32d	29d	28d	27d	26d	25d
HRB500	一、二级（LE）	—	55d	49d	45d	41d	39d	37d	36d	35d
	三级（LabE）	—	50d	45d	41d	38d	36d	34d	33d	32d
	四级（LabE）非抗震（Lab）	—	48d	43d	39d	36d	34d	32d	31d	30d

表 7.1.4　　　　　　　　　　钢 筋 锚 固 长 度 表

受拉钢筋锚固长度 La、抗震锚固长度 LaE	
非抗震	抗震
$La = \zeta a Lab$	$LaE = \zeta a E La$

注　1. La 不应小于 200mm。

　　2. 锚固长度修正系数 ζa 按右表取用，多于一项时，可连乘计算，但最后的修正系数不应小于 0.6。

　　3. $\zeta a E$ 为抗震锚固长度修正系数，对一、二级抗震等级取 1.15，对三级抗震等级取 1.05，对四级抗震等级取 1.00。

表 7.1.5　　　　　　　　　　受拉钢筋锚固长度修正系数表

受拉钢筋锚固长度修正系数 ζa		
锚固条件		ζa
带肋钢筋的公称直径大于 25		1.1
环氧树脂涂层带肋钢筋		1.25
施工过程中易受扰动的钢筋		1.1
锚固区保护层厚度	3d	0.8
	5d	0.7

注　中间时按内插值。

　　d 为锚固钢筋直径。

4. 普通钢筋的连接

（1）在同一连接区段内受力钢筋的接头面积允许百分率具体根据见表 7.1.6。

（2）纵向受拉钢筋绑扎搭接接头的搭接长度具体根据表 7.1.7。

表 7.1.6 接头面积允许百分率

接头型式	接头面积允许百分率/%			连接区段长度
	受拉区		受压区	
绑扎搭接接头	梁、板、墙	柱	应≤50	1.3 倍搭接长度
	应≤25	应≤50		
机械连接接头	应≤50		不限制	35d（d 为连接钢筋的较小直径）
焊接接头	应≤50		不限制	35d（d 为连接钢筋的较小直径），且不小于 500mm

表 7.1.7 钢筋绑扎接头搭接长度

纵向受拉钢筋绑扎搭接长度 $L(L_1E)$		纵向受拉钢筋搭接长度修正系数 ζ_1			
非抗震	抗震	纵向搭接钢筋接头面积百分率/%	≤25	50	100
$L_1=\zeta_1 La$	$L_1E=\zeta_1 aE$	ζ_1	1.2	1.4	1.6

注 1. 当直径不同的钢筋搭接时，$L(L_1E)$ 按直径较小的钢筋计算。
　　2. 在任何情况下，$L(L_1E)$ 不得小于 300mm。
　　3. 式中 ζ_1 为纵向受拉钢筋搭接长度修正系数。

三、钢筋工程标准化施工

（一）施工准备

1. 技术准备

技术部门准备好项目的建筑图纸、结构图纸、专业图纸、相关规范、图集、标准，需认真熟悉图纸，严格按照施工图纸和 16G101-1～16G101-3 标准图集及有关规范标准、设计变更，正确计算材料单，下料正确，制作加工按规范标准及设计要求制作。

钢筋下料：

直线钢筋下料长度＝构件长度＋钢筋弯钩增加长度＋钢筋搭接长度－保护层厚度
弯起钢筋下料长度＝直段长度＋弯钩增加长度＋斜段长度＋钢筋搭接长度
－量度差值(弯曲调整值)
箍筋下料长度＝直段长度＋弯钩增加长度－量度差值(箍筋调整值)

（1）量度差值，见表 7.1.8。

表 7.1.8 量 度 差 值 表

钢筋弯曲角度/(°)	30	45	60	90	135
量度差值/mm	0.35d	0.5d	0.5d	2d	2.5d

（2）弯钩增加长度，见表 7.1.9。

表 7.1.9 弯 钩 增 加 长 度 表

钢筋直径 d/mm	≤6	8～10	12～18	20～28	35～36
一个弯钩长度/mm	4d	6d	5.5d	5d	4.5d

（3）箍筋弯钩增加值。

箍筋弯 90°弯钩时，两个弯钩增值为：$2\times(0.285D+4.785d)$；当 $D=2.5d$，平直段

为 $5d$，两个弯钩增加值为 $11d$。

箍筋弯 90°/180°弯钩时，两个弯增值为：$(1.07D+5.57d)+(0.285D+4.785d)=1.335D+10.355d$；当 $D=2.5d$，平直段为 $5d$，两个弯钩增加值为 $14d$。

箍筋弯 135°/135°弯钩时，两个弯增值为：$2\times(0.68D+5.18d)$；当 $D=2.5d$，平直段为 $5d$，两个弯钩增加值为 $14d$。

2. 人员准备

翻样人员准备：需根据实际工程量和结构的复杂程度，选用有责任心、技术能力强且操作熟练的钢筋翻样工进行翻样。

加工人员准备：在现场进行钢筋加工的钢筋加工工人需要具备应有的加工技术能力，对钢筋加工工艺操作熟悉，且负责任。

3. 钢筋加工机具准备

调直机械：钢筋使用 YGT5－12 液压钢筋调直切断机进行现场调直加工。见图 7.1.1。

弯曲机械：钢筋使用 SKGW42－D、GW－45 型弯曲机进行弯曲加工。见图 7.1.2。

图 7.1.1　调直机械现场图

直螺纹套丝机：现场使用 HGS－40 型剥肋滚轧直螺纹套丝机进行钢筋直螺纹加工。见图 7.1.3。

图 7.1.2　弯曲机械现场图　　图 7.1.3　直螺纹套丝机械现场图

钢筋切割机械：现场主要使用钢筋切断机、角向磨光机、台式砂轮机、砂轮切割机等机具进行钢筋的切割加工。

（二）钢筋进场

（1）根据项目设计图纸要求的钢筋数量、型号、规格，认真进行核对后，选择质量可靠、稳定的生产厂家采购钢筋原材，对于进场的钢筋原材必须附带有出厂合格证。对钢筋原材进行分批标志，每批次的钢筋组成需要满足牌号相同、炉号相同、规格相同以及交货状态相同。在实际工程施工时，不允许使用质量证明报告不达标、不齐全的钢筋。钢筋进场后由材料部门及时组织质量、生产、劳务班组、保卫共同验收，同时通知实验部门上报监理或业主进行见证取样工作，送检合格后方可进行下道工序。

（2）钢筋验收时，首先检查钢筋原材的产品合格证和出厂检验报告（即质量证明文

件），每捆（盘）钢筋的标牌（注明生产厂、生产日期、钢号、钢筋级别、直径等标记），

图 7.1.4　钢筋材料现场摆放图

需要与材质证明核对一致；其次是钢筋原材料的外观检查，进场钢筋表面不能有裂纹、油污、颗粒状或者片状老锈等不利因素存在，同时钢筋需保证基本的平直、无损伤；最后，要进行对于进场的钢筋原材的抽样复验，主要包括抗拉强度、伸长率、屈服强度、重量偏差检验和弯曲性能，最终的检验结果需要与已有的相关标准的规定相符合。对于需要选取多少数量的试件进行检查，将由施工现场的钢筋进场批次以及产品的抽样检验方案来进行确定。

钢筋材料现场摆放见图 7.1.4。

（三）钢筋加工

1. 钢筋除锈

在现场对钢筋进行除锈加工时，可以大致分为两种情况：对于数量不多的钢筋，可以优先考虑使用电动除锈机完成钢筋的除锈工作，除此之外，也可考虑人工使用砂轮及钢丝刷除锈的方法，或者采用喷砂及酸洗的方法进行除锈；而对于数量较多的钢筋，可以在使用钢筋调直机对它们进行调直加工的过程中完成除锈工作。

2. 钢筋调直

在现场利用调直机具对盘圆或盘螺钢筋完成调直加工，加工后需确保成品钢筋没有曲折，整体平直。

3. 钢筋切断

（1）在进行钢筋切断时，可以将同等规格、型号的钢筋根据其长度进行合理安排、协调搭配，在切断加工时优先切断较长的钢筋材料，后续再切断较短钢筋材料，这样可以有效减少原材的损失与消耗，从而降低项目施工不必要的成本浪费。

（2）用钢筋切断机时应保证钢筋截面尽量平整，避免出现尖锐棱角对施工人员造成伤害。需要套丝端头应进行切割以保证其断面平齐。

4. 钢筋弯曲

钢筋弯曲主要分为三个步骤，其顺序是：首先开始画线，之后进行试弯，最终将钢筋原材弯曲成型。要注意考虑钢筋弯曲时的伸长量，避免出现加工完成后成品钢筋尺寸不准确的情况。

5. 钢筋加工允许偏差与成品码放

（1）钢筋加工的允许偏差，见表 7.1.10。

表 7.1.10 　　　　　　　　　　　钢筋加工允许偏差表

项　　目	允许偏差	检查方法
受力钢筋顺长度方向全长的净尺寸	±10	尺量
弯起钢筋弯折位置	±20	尺量检查
箍筋内净尺寸	±5	尺量外包尺寸

（2）钢筋加工成型后应按不同使用部位分类摆放，并挂上标识写明其具体数目、规格型号以及使用的部位等信息。

（3）加工过程中现场管理人员要随时抽查加工质量，对不合格的立即提出整改，及时调整加工尺寸。见图 7.1.5。

图 7.1.5　成品钢筋现场检查图

四、钢筋连接

钢筋的连接方式可分为三类：搭接、焊接、机械连接。

1. 钢筋绑扎搭接

钢筋最小绑扎搭接长度见表 7.1.11。

表 7.1.11　　　　　　　　　　纵向受拉钢筋最小绑扎搭接长度

钢筋种类及同一区段内搭接钢筋面积百分率		混凝土强度等级																
		C20	C25		C30		C35		C40		C45		C50		C55		C60	
		d≤25	d≤25	d>25	d≤25	d>25	d≤25	d>25	d≤25	d>25	d≤25	d>25	d≤25	d>25	d≤25	d>25	d≤25	d>25
HPB300	≤25%	47d	41d	—	36d	—	34d	—	30d	—	29d	—	28d	—	26d	—	25d	—
	50%	55d	48d	—	42d	—	39d	—	35d	—	34d	—	32d	—	31d	—	29d	—
	100%	62d	54d	—	48d	—	45d	—	40d	—	38d	—	37d	—	35d	—	34d	—
HRB335 HRBF335	≤25%	46d	40d	—	35d	—	32d	—	30d	—	28d	—	26d	—	25d	—	25d	—
	50%	53d	46d	—	41d	—	38d	—	35d	—	32d	—	31d	—	29d	—	29d	—
	100%	61d	53d	—	46d	—	43d	—	40d	—	37d	—	35d	—	34d	—	34d	—
HRB400 HRBF400 rrb400	≤25%	—	48d	53d	42d	47d	38d	42d	35d	38d	34d	37d	32d	36d	31d	35d	30d	34d
	50%	—	56d	62d	49d	55d	45d	49d	41d	45d	39d	43d	38d	42d	36d	41d	35d	39d
	100%	—	64d	70d	56d	62d	51d	56d	46d	51d	45d	50d	43d	48d	42d	46d	40d	45d
HRB500 HRBF500	≤25%	—	58d	64d	52d	56d	47d	52d	43d	48d	41d	44d	37d	42d	37d	41d	36d	40d
	50%	—	67d	74d	60d	66d	55d	60d	50d	56d	48d	52d	45d	49d	43d	48d	42d	46d
	100%	—	77d	85d	69d	75d	62d	69d	58d	64d	54d	59d	51d	56d	50d	54d	48d	53d

根据图纸设计和规范要求选择合适的连接方式，受压钢筋采用搭接时，搭接长度应取受拉钢筋搭接长度的 0.7 倍，但不小于 200mm。

钢筋接头通常不宜设置在受力较大处，应该错落分开进行布置。绑扎搭接的接头数量，在同一截面内，对受拉钢筋不宜超过受力钢筋的 1/4，对受压钢筋不宜超过受力钢筋的 1/2。

在搭接长度内，需将每根钢筋如上图一般进行三点式的绑扎，即两端距端头 30mm 处各绑扎一道，再在中间进行绑扎一道。

2. 钢筋焊接

（1）电渣压力焊。

1）电渣压力焊通常适用于竖向钢筋的焊接，若是斜向钢筋，且钢筋的倾斜度低于10°的情况下，可使用电渣压力焊进行焊接。在项目施工过程中，当墙、柱钢筋的直径大于等于16mm时需使用电渣压力焊焊接以完成钢筋的连接，而直径不足16mm的钢筋则通过绑扎搭接来完成钢筋的连接工作。

2）需保证待焊接的钢筋其满足端头平整、无杂质，并且不可存在凹凸不平、马蹄形凹口、被压扁或是已经变形弯曲的情况，条件满足即可利用电渣压力焊来进行焊接。

3）电渣压力焊焊剂在使用时须保持干燥，不能受潮，在雨天严禁作业。

4）电渣压力焊完成后的焊包需均匀完整，若是存在有偏心、夹渣、裂缝、气孔等问题缺陷，则需重新进行焊接，同时焊包的凸出面也不宜低于5mm。

（2）电弧焊。

进行电弧焊焊接时均应按照 JGJ 18—2012《钢筋焊接及验收规程》的要求完成，比如：搭接接头以及帮条的长度、焊缝的宽度和高度。焊接后的接头部位应满足无裂纹，同时焊缝表面应做到平直整洁，保证没有凹陷或焊瘤等问题缺陷存在，若焊接后存在有夹渣、咬边深度、气孔等问题，或是接头尺寸不准确，需查找相应的规范要求，将不满足缺陷允许值或是接头允许偏差的部位进行重新焊接。

3. 机械连接

（1）根据规范要求选择大小合适的套筒，要认真检查现场使用套筒的规格尺寸。

（2）对现场加工的丝头检测，按批次抽查丝头的长度、完整丝扣圈数及丝距，丝头外露端应有密封盖。

（3）严格按照图纸设计以及相应的规范要求设置在同一个截面上的接头比例和接头之间需相互错开的间距距离。

（4）检测现场成品接头，要求丝扣的外露圈数单边不能超过2圈，并且两头钢筋拧入套筒中的尺寸应相同，偏差不宜大于1个丝距的距离。

（5）用扭矩扳手检查套筒的拧紧扭矩（见表7.1.12），对不满足规范要求要严格进行整改。

表 7.1.12　　　　　　　　　　　　　直螺纹接头最小拧紧扭矩值

钢筋直径/mm	≤16	18～20	22～25	28～32	36～40	50
拧紧扭矩/(N·m)	100	200	260	320	360	460

（6）标记好经过检查后合格的接头，可以有效避免发生漏检或是重复检查的情况。

五、钢筋安装

（一）柱钢筋安装

柱钢筋安装见图 7.1.6。

（二）剪力墙钢筋安装

剪力墙钢筋安装见图 7.1.7。

（三）梁钢筋安装

梁钢筋安装见图 7.1.8。

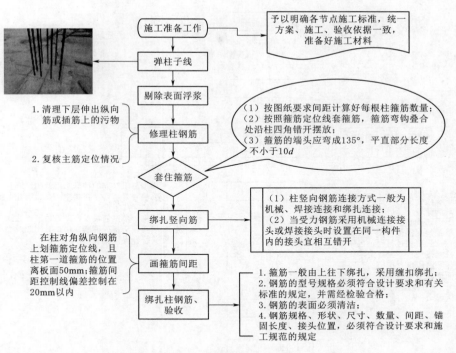

图 7.1.6　柱钢筋施工工艺图

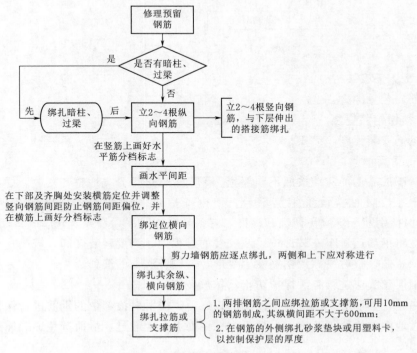

图 7.1.7　剪力墙钢筋施工工艺图

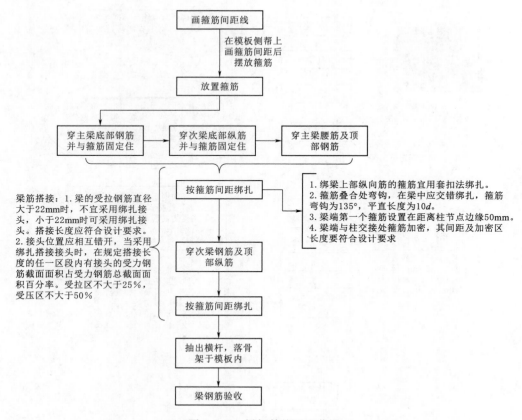

图 7.1.8　梁钢筋施工工艺图

（四）板钢筋安装

板钢筋安装见图 7.1.9。

（五）楼梯钢筋安装

楼梯钢筋安装见图 7.1.10。

六、成品保护

（1）对于成品钢筋应该按照不同部位、不同规格进行分类地整齐摆放，摆放的场地也许平整、干净，同时需设置钢筋墩台，使钢筋离地一定距离，且离地高度不应小于200MM，保持钢筋干燥避免锈蚀和污染，有条件允许线下尽量放入仓库或料棚内保存。

（2）在将钢筋运送至安装部位以及安装的过程中，需要轻装轻卸，若是将钢筋随意地抛放或踩踏碰撞，很容易导致钢筋发生变形，造成资源上的浪费。

（3）钢筋丝头应进行有效保护防止丝扣被破坏。

（4）在进行钢筋绑扎的过程中以及绑扎好后，需要对该部位的钢筋进行保护，不可在其上面随意地摆放物料与杂物，人员不宜在钢筋上行走通过，从而避免影响该部位的结构强度与使用安全。

（5）在进行管线的埋设时，不可图便利而随意地切断钢筋或是移动钢筋位置。

（6）绑扎定位筋确保钢筋不偏位，浇筑混凝土时对柱根部进行保护，防止污染。

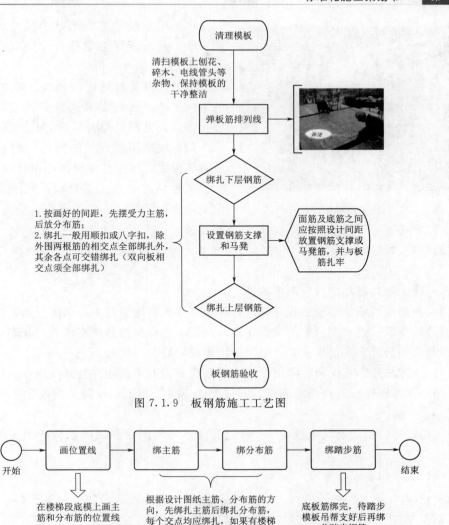

图 7.1.9　板钢筋施工工艺图

图 7.1.10　楼梯钢筋施工工艺图

（7）提前在顶板上搭设好操作马道，以防止在进行混凝土浇筑时，板面筋因为人员操作时的来回走动而被踩踏凹陷，见图 7.1.11。

（8）对于停留时间较长的梁、柱预留钢筋，可以采取刷水泥浆的措施，避免钢筋出现锈蚀，等到恢复施工时则清洗掉钢筋上的水泥浆，防止钢筋握裹力因此受到影响。

（9）派遣 2～3 名钢筋工到混凝土浇筑的现场进行看护，在施工时发现问题可以得到及时处理。

七、质量标准和要求

（1）按照相关规范标准与工程图纸设计的要求来保证钢筋的规格和质量。

（2）禁止在施工时使用已经生锈的钢筋，或是经过除锈处理后仍然带有杂质污渍的钢筋，在发现钢筋表面有锈迹时应及时除锈，保持钢筋表面的清洁干净。

图 7.1.11 施工现场搭设操作马道

（3）钢筋的规格、形状、尺寸、数量、锚固长度、接头设置必须符合设计要求和施工规范规定。

（4）在摆放箍筋时，确保正确放置其弯钩的方向。按照规范要求进行绑扎搭接，其接头以及搭接长度都需要满足规定的标准。

（5）按照图纸设计的间距与数量合理地摆放箍筋位置，确保在加密区部位正确布置箍筋，项目工程均需考虑抗震要求，使用箍筋的弯钩角度设置为135°，弯钩的平直长度为10倍的钢筋直径。

（6）钢筋焊接需满足相关规范标准的要求，焊接接头、焊包、焊缝等部位均应符合标准。

（7）柱子钢筋绑扎之后，不准践踏。

（8）在楼板的钢筋布置绑扎完成后，严禁工作人员随意在上面踩踏行走，从而导致钢筋的塌陷与变形，要求部位上的钢筋在浇筑混凝土前均保持其原有形状与状态，浇筑过程中必须派遣钢筋工人在现场看护，以便于出现问题后及时处理。

（9）在钢筋的绑扎安装过程中严禁移动事先布置好的预埋件与管线以及洞口模板。

（10）在为钢模板的内面涂隔离剂的过程中应细心施工，以防止在此过程中造成对钢筋的污染。

（11）在进行管线及其他设施的安装过程中不可因图便利而随意切断钢筋或是移动钢筋位置。

（12）允许偏差表，见表 7.1.13。

表 7.1.13　　　　　钢筋施工允许偏差表

项次	项　目		允许偏差/mm	检查方法
1	轴线位移	柱、墙、梁	5	量尺
2	底模上表面标高		±5	水准仪或拉线、尺量
3	截面模内尺寸	基础	±10	量尺
		柱、墙、梁	+4，−5	
4	柱、墙垂直度	层高≤6m	8	经纬仪或拉线、尺量
		层高>6m	10	
5	相邻两板表面高低差		2	量尺
6	表面平整度		5	靠尺、塞尺
7	预埋板中心线位置		3	拉线、尺量
8	预埋管、预留孔中心线位置		3	拉线、尺量
9	插筋	中心线位置	5	尺量
		外露长度	+10，0	

项次	项　　目		允许偏差/mm	检查方法
10	预埋螺栓	中心线位置	2	拉线、尺量
		外露长度	+10, 0	
11	预留孔洞	中心线位置	10	拉线、尺量

八、钢筋施工注意事项

（1）检查成品钢筋的规格、尺寸、数量和型号等信息，并且与料单进行核对查看是否与之相符合。

（2）在施工过程中发现钢筋规格不同时，不可在未经设计单位同意变更的情况下进行等强代换，必须在上报问题且审批通过以及手续办理完成后进行合理的处理。

（3）绑扎时优先对主要受力钢筋进行绑扎，之后再绑扎次要的分布钢筋及板筋。

（4）在进行绑扎施工时可以提前在柱梁及墙筋上画出箍筋及分布筋的位置线，在模板或是垫层上标出板筋的位置与分布，不仅方便之后进行绑扎安装施工，也可确保钢筋放置的位置正确。

（5）在进行混凝土浇筑前，将柱墙主筋在楼面处同箍筋及水平筋绑扎牢固，从而防止在浇筑过程中发生柱墙筋移位的情况。

（6）保护层塑料卡宜选用水泥色的，以保证拆模后的混凝土表面颜色一致。

九、钢筋检查验收

项目施工员应在现场指导检查钢筋绑扎与安装情况，发现问题及时与工人说明沟通，进行整改，将问题解决，防止施工问题遗留堆积，影响后续施工进度及工程质量。结束一个分段钢筋施工后，应由工长或是施工员进行复查检验，并进行反馈，之后还需安排质检员进行抽检，确保施工工程检查验收合格，在该过程发现的问题可以进行奖惩处理的依据。主要检查项目：

（1）钢筋的规格、尺寸、数量及间距是否符合图纸设计标准。对于支座负筋这类钢筋位置需多加注意。

（2）是否按照设计及规范标准设置钢筋接头的位置及搭接长度。

（3）是否按照设计及规范标准设置钢筋保护层厚度。

（4）钢筋绑扎是否牢固，安装位置是否按照设计标准，有无钢筋松动或是安装位置错误的情况。

（5）钢筋表面是否保持清洁，倘若出现锈蚀现象，需进行除锈处理，不允许锈蚀的钢筋投入到施工中使用。

第二节　钢筋工程标准化施工工艺手册

一、钢筋进场

（1）从钢筋原材料进场开始对每次进场钢材规格、型号、产地、数量、进场时间进行验收及记录，进场钢筋原材力学性能和重量偏差实验结果必须达到规范要求的标准，经检验合格后可以投入实际现场施工中使用，不合格钢材应在检验后立即退场。

（2）合理地堆放钢筋位置，不可随意乱放，占据过道或施工场地，原材料与半成品分开堆放且要便于吊运。

（3）堆放钢筋的场地需要用混凝土作硬化处理，保证场地的坚实平整。

（4）设置钢筋墩台，使钢筋离地一定距离，且离地高度不应小于200mm，保持钢筋干燥避免锈蚀和污染，有条件的尽量放入仓库或料棚内。

图 7.2.1　盘圆钢筋进场堆放

（5）钢筋运送到现场后，需将不同批次、不同等级、不同规格、不同牌号的钢筋挂上标识牌，进行分类存放，并注明数量，不得混淆，盘圆堆码高度不宜超过两件以确保安全稳固。

（6）物资标识要清楚，写明名称、规格、来源、进场日期和检验状态等信息，以便工人取用。

（7）成品钢筋要按照分部、分层、构件名称进行分类堆放，挂上标签备注清楚，有利于施工方便。见图7.2.1。

二、钢筋加工

（一）工艺流程图

工艺流程见图7.2.2。

```
钢筋除锈 → 钢筋调直 → 钢筋切断 → 钢筋加工成型 → 码放
```

图 7.2.2　钢筋加工流程图

（二）工艺方法与要点

（1）钢筋的加工工艺主要有钢筋除锈、钢筋调直、钢筋切断及钢筋弯曲成型等，钢筋加工的允许偏差需要达到表中的标准。

（2）钢筋除锈一般可以在使用钢筋调直机对它们进行调直加工的过程中完成除锈工作。除此之外，也可考虑人工使用砂轮及钢丝刷除锈的方法，或者采用喷砂及酸洗的方法进行除锈。

（3）在现场利用调直机具对盘圆或盘螺钢筋完成调直加工，加工后需确保成品钢筋没有曲折，整体平直。见图7.2.3。

（4）钢筋切断一般遵循以下原则：

1）在进行钢筋切断时，可以将同等规格、型号的钢筋根据其长度进行合理安排、协调搭配，在切断加工时优先切断较长的钢筋材料，后续在进行较短钢筋材料的切断，这样可以有

图 7.2.3　钢筋调直加工现场

效减少原材料的损失与消耗，从而降低项目施工不必要的成本浪费。

2）在进行钢筋断料的过程中，不宜使用短尺去测量较长的钢筋材料，很容易出现测量误差，导致钢筋材料错误加工，浪费原材。

3）在进行钢筋切断时，发现钢筋有某个部位出现明显的损伤，一定要切除掉该损伤部位，严禁不合格的钢筋使用到实际施工当中。

4）钢筋切断的断口须平整，不可以出现损伤凹陷。

5）钢筋的长度应剪切到位，达到设计的标准，其加工的允许偏差为±10mm。

钢筋切断加工现场见图 7.2.4。

（5）钢筋弯曲。

1）Ⅰ级钢筋搭接时需要在其端部制作 180°的弯钩形式，弯钩弯弧内的直径大小至少为 2.5 倍的钢筋直径，其平直段部分的尺寸至少为 10 倍的钢筋直径。

2）当有抗震要求时，需按照要求在钢筋端部制作 135°的弯钩形式，Ⅱ级、Ⅲ级钢筋的弯钩弯弧内直径 D 至少要达到 4 倍的钢筋直径，其平直段部分的尺寸按照设计要求设置。

3）当钢筋弯曲的角度不超过 90°时，弯钩弯弧内的直径不宜设置为低于五倍的钢筋直径。

4）设置箍筋末端弯钩时，需严格按照图纸设计要求及规范，弯钩角度与形式均需达到标准（若是封闭环式箍筋则除外），见图 7.2.5。若没有发现图纸设计中有具体的标准要求，则需要按照以下标准实施：

图 7.2.4　钢筋切断加工现场　　　　　图 7.2.5　钢筋弯曲加工

①箍筋弯钩的弯弧内直径需要大于等于 2.5 倍的钢筋直径大小，同时还需要满足大于或等于受力钢筋的直径大小这一条件。

②箍筋弯钩的角度大小：本项目图纸设计要求箍筋均需考虑抗震要求，故箍筋弯钩都要制作为 135°的弯钩形式。

③箍筋弯折后的平直段部分长度大小：本项目图纸设计要求箍筋均需考虑抗震要求，故箍筋弯折后的平直段部分长度大小至少为 10 倍的箍筋直径。

（6）钢筋直螺纹加工。

1）需要确保钢筋端面平整，若发现端头不满足平整要求或是有损伤，则需要使用砂轮切割机或其他切断机具进行加工。

2）在施工现场使用 HGS-40 型剥肋滚轧直螺纹套丝机进行钢筋端部直螺纹加工。

图 7.2.6　直螺纹加工成品钢筋摆放

3）在完成丝头套丝加工后，现场加工人员需要检验加工完成的钢筋丝头的质量情况。

4）钢筋套丝加工完成后，需要给其端头套上塑料帽或者是相应规格的连接套筒，对丝头进行保护，从而防止丝头在后续的施工工程中遭到污染及损伤。

5）需要对现场自检完成的钢筋丝头进行抽检，防止施工人员自检时出现纰漏。

6）加工完成且合格的成品钢筋需要按照不同的规格与型号分类摆放，见图 7.2.6。

7）需要在每个批次的成品中取样 3 个试件切除进行拉伸试验，通常在每一层楼层中以 500 个同类型接头作为一个批次，若是接头数量少于 500 个，仍然可以看作一个批次。

三、钢筋连接

（一）绑扎搭接

（1）根据图纸设计和规范要求选择合适的连接方式，受压钢筋采用搭接时，搭接长度应取受拉钢筋搭接长度的 0.7 倍，但不小于 200mm。

（2）钢筋接头通常不宜设置在受力较大处，应该错落分开进行布置。绑扎搭接的接头数量，在同一截面内，对受拉钢筋不宜超过受力钢筋的 1/4，对受压钢筋不宜超过受力钢筋的 1/2。

（3）在搭接长度内，需将每根钢筋如上图一般进行三点式的绑扎，即两端距端头 30mm 处各绑扎一道，再在中间进行绑扎一道。见图 7.2.7、图 7.2.8。

图 7.2.7　钢筋三点式绑扎（单位：mm）

图 7.2.8　钢筋绑扎搭接

（二）焊接

（1）在本工程项目施工中常用的焊接方法主要为电渣压力焊、电弧焊等。

（2）电渣压力焊，见图 7.2.9。

1）需要逐个检查电渣压力焊的焊接接头外观。抽样检验其力学性能时，应该从每个批次的接头中选取出三个外观质量较差的试件进行试验，这种方式可以保证整体的焊接接头质量。

2）电渣压力焊焊包需均匀，当焊接钢筋直径不超过 25mm 时，焊包突出钢筋表面的高度不应小于 4mm；若钢筋直径超过 25mm，则突出高度应该大于或等于 6mm。

3）钢筋焊接后不能对钢筋本身造成烧伤损坏。

4）在焊接接头处的弯折角大小需控制在 2°以内。

5）在焊接接头处的轴线不应发生较大偏移，偏移幅度需控制在 1mm 以内。

图 7.2.9 钢筋电渣压力焊

6）对于焊接不合格的接头需要切除进行重焊。

（3）进行电弧焊焊接时均应按照 JGJ 18—2012《钢筋焊接及验收规范》的要求去完成工作，焊接后的接头部位应满足无裂纹，同时焊缝表面应做到平直整洁，保证没有凹陷或焊瘤等问题缺陷存在，若焊接后存在有夹渣、咬边深度、气孔等问题，或是接头尺寸不准确，需查找相应的规范要求，将不满足缺陷允许值或是接头允许偏差的部位进行重新焊接。见图 7.2.10。

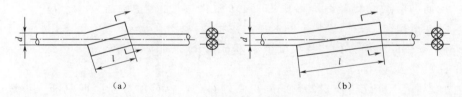

(a)   (b)

图 7.2.10 钢筋电弧焊搭接接头

（三）机械连接

（1）对现场加工的丝头检测，按批次抽查丝头的长度、完整丝扣圈数及丝距，丝头外露端应有密封盖。

（2）严格按照图纸设计以及相应的规范要求设置在同一个截面上的接头比例和接头之间需相互错开的间距距离。

图 7.2.11 钢筋机械连接现场

（3）选择预埋接头，需要按照设计标准选择相应规格的连接套，其位置以及数量需遵守设计标准，固定牢固后，给连接套外露的端部加上密封盖进行保护。

（4）在拧紧接头时优先选择精度较高的力矩扳手进行操作，且力矩扳手需要定时使用扭力仪进行检验其精度与状态，防止使用的力矩扳手不合格或是精度降低。

（5）在进行钢筋连接的过程中，先将钢筋对正后套上连接套，然后使用合格达标的力矩扳手进行拧紧牢固。见图 7.2.11。

四、钢筋安装

（一）柱钢筋安装

1. 施工流程图

施工流程图见图 7.2.12。

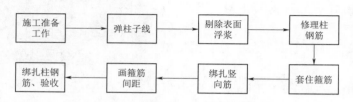

图 7.2.12　柱钢筋安装施工流程图

2. 施工工艺要点

（1）按图纸设计上的要求，设置好柱子箍筋的间距以及数目多少，在把定位箍筋安装到位后，调整主筋之间的间距防止柱筋之间偏移过大。在立柱子钢筋之前，可以提前在搭接筋上套好箍筋，方便后续施工，绑扎时同一搭接长度以内需设置最少 3 个绑扣，其朝向为柱子内部，防止绑扣阻碍后续向上移动套好的箍筋。

（2）钢筋的搭接长度需要满足图集的设计标准，不可随意设置。

（3）绑扎搭接时，在搭接长度的区域内需将接头错落分开布置，若采用焊接连接，则要求接头在 35 倍的钢筋直径并且长度至少为 500mm 的区域内进行错开布置。

（4）柱箍筋绑扎：

1）为便利施工，先将设置的箍筋间距画好在已经立好的柱子竖向钢筋上，然后把提前套完的箍筋根据画好的间距线向上移动，最后进行绑扎。

2）绑扎箍筋时要求其垂直于主筋，箍筋的非转角部分和主筋的相交处可以采用梅花式交错绑扎，但主筋和箍筋的转角处的交点要求做到全部绑扎，不可漏绑。

3）应该沿着柱子竖向钢筋交错绑扎布置箍筋的弯钩叠合处。

4）柱子的箍筋加密区设置严格按照图纸设计与图集要求来，加密区的长度以及箍筋间的间距均需达标。

5）为了确保柱筋的保护层厚度，通常使用垫块按照 1000mm 的间隔距离绑扎在柱竖筋外皮上，也可以使用塑料卡来实现这一目的。见图 7.2.13。

6）钢筋安装位置可允许的偏差范围以及如何进行检查可按照表中的标准实行。

（二）剪力墙钢筋安装

1. 施工流程图

施工流程见图 7.2.14。

2. 施工工艺要点

（1）施工时先立起 4 根竖向钢筋，和搭接筋进行绑扎好后，使用粉笔在其上画处水平筋

图 7.2.13　柱钢筋安装施工

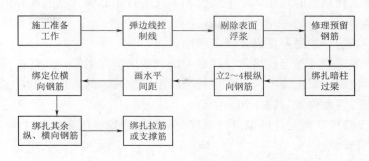

图 7.2.14　剪力墙钢筋安装施工流程图

的间距，当作分档标志，并且通常在下部及齐胸处采用横筋定位同时调整竖向钢筋的间距防止钢筋间距偏位过大。在横筋上做出分档标志后，再开始绑其余的竖筋，最终再将剩下的横筋绑扎到位。见图 7.2.15。

图 7.2.15　剪力墙钢筋安装施工

（2）主筋和从下层伸出的搭接筋的搭接长度符合标准，互相错开其绑扎接头；将竖向钢筋的间距作为第一道竖向筋和暗柱之间的距离，第一道水平筋和楼板面的间隔为 50mm。

（3）优先绑扎剪力墙中的暗梁及暗柱钢筋，其余钢筋之后绑扎。

（4）按照抗震要求的设计标准设置剪力墙水平钢筋在端部、转角及节点部位的抗震锚固长度和在洞口四周需布置的补强加固筋等。

（5）逐点绑扎剪力墙钢筋，墙体双排钢筋之间的纵横间距应小于或等于 600mm，并在之间设置绑扎支撑筋及拉筋，需在钢筋外表面上绑扎垫块或者时塑料卡来控制保护层厚度。

（6）拉筋需要将端部一端设置为 90°、另一端为 135°的弯钩形式，其平直段部分的长度不低于 10 倍的钢筋直径，与墙体相垂直。

（7）在进行钢筋绑扎时使用八字形的绑扣方式进行相邻绑扎点的绑扎工作，并且保证所有绑扎点绑扎牢固。

（8）确保钢筋的保护层厚度满足规范标准。

（9）钢筋安装完成开始合模后，修理好伸出的墙体竖向钢筋，并且在搭接处设置一根横筋作为定位筋使用，派遣施工人员在进行混凝土浇筑时对其进行看护，浇筑完后可以根据该横筋调整修理钢筋位置，防止钢筋错位。

（10）钢筋安装位置可允许的偏差范围以及如何进行检查的方法与柱钢筋相同。

（三）梁钢筋安装

1. 施工流程图

（1）模外绑扎，施工流程见图 7.2.16。

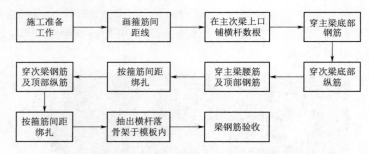

图 7.2.16 梁钢筋安装施工流程图（模外绑扎）

（2）模内绑扎，施工流程见图 7.2.17。

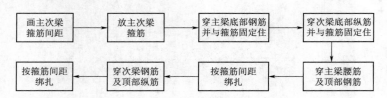

图 7.2.17 梁钢筋安装施工流程图（模内绑扎）

2. 施工工艺要点

（1）施工前可以在模板侧帮上面用粉笔画出箍筋间距，有利于后续进行箍筋的放置安装施工工作。

（2）在安装梁的顶部与底部纵向受力钢筋时，优先绑扎顶部钢筋。

1）框架梁顶部纵向钢筋需贯通穿过中间节点，而梁底部纵向钢筋按照规范及设计标准设置其穿入中间节点的锚固长度和穿过中心线的长度。

2）按照规范及设计标准设置框架梁纵向钢筋在端节点部位内的锚固长度。

（3）绑扎箍筋，见图 7.2.18。

1）采用套扣法对梁顶部纵向筋的箍筋进行绑扎施工工作。

2）箍筋弯钩应符合抗震要求设置为 135°弯钩形式，平直部分的长度为 10 倍的钢筋直径，并且在梁中交错绑扎其弯钩叠合处，若为封闭箍形式，则钢筋单面焊接的焊缝长度需要满足 5 倍钢筋直径的要求。

图 7.2.18　梁钢筋安装施工

3）在与柱节点部位间距 50mm 处布置梁端的第一个箍筋。

4）按照图纸设计及图集规范标准设置梁端与柱交接处的箍筋加密区。

（4）使用垫块或者是塑料卡来控制钢筋的保护层厚度。

（5）梁内二排筋绑扎应紧贴箍筋端头弯钩下部，如做成封闭箍，则应满足钢筋外边缘上下间距 25mm。

（6）梁截面高度超过一定高度时，宜选择模内钢筋绑扎方法，梁侧模后封闭。

（7）一旦梁的截面高度大于 700mm 时，需要设置纵向构造钢筋在梁的两侧，间距为 300～400mm，构造钢筋直径要求至少为 10mm。

（8）梁筋搭接。

1）当梁的受拉钢筋直径超过 22mm 时，采用套筒进行机械连接，若未超过，可以使用绑扎搭接。

2）要求钢筋搭接长度的末端距离钢筋弯曲处最少 10 倍的钢筋直径。

3）应该将接头位置设置在构件的较小弯矩处。

4）接头位置在连接区段内需要互相错开布置，进行绑扎搭接时，同一搭接长度区域内，受拉钢筋的接头百分率不能超过 25%，受压钢筋的接头百分率不能超过 50%。

（9）钢筋安装位置可允许的偏差范围以及如何进行检查的方法与柱钢筋相同。

（四）板钢筋安装

1. 施工流程图

施工流程见图 7.2.19。

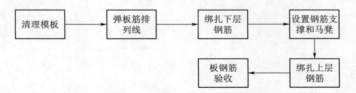

图 7.2.19　板钢筋安装施工流程图

2. 施工工艺要点

（1）及时清理模板上的杂物与垃圾，并且提前在模板上画出主筋与分布筋间距及位置。

（2）按照之前在模板上画好的标记，遵守受力筋先、分布筋后的顺序安装板钢筋，在安装管线、预埋件及预留孔等设施时严禁移动或损坏钢筋。

（3）按照规范标准设置钢筋位置、间距及搭接长度。

（4）要求外围两根钢筋的相交点需要全部绑扎，其余各点可以进行交错绑扎，双向板除外，其各点均需全部绑扎牢固。当板时双层钢筋时，需要增加马凳在两层钢筋之间作为支撑。

图 7.2.20 板钢筋安装施工

（5）对于负弯矩钢筋，其每个点都需绑扎牢固。

（6）设置相应措施对钢筋保护层厚度进行把控；可在模板上布置与保护层厚度相同的垫块，其间距为 1.5m。

（7）在施工时注意检查弯钩的立起高度不能超过板厚，如发现有该类问题，立即进行整改。

（8）面筋及底筋之间应按照设计间距放置钢筋支撑或马凳筋，并与板筋扎牢。板面搭设规范的马道，注意成品保护。见图 7.2.20。

（9）钢筋安装位置可允许的偏差范围以及如何进行检查的方法与柱钢筋相同。

（五）楼梯钢筋安装

1. 施工流程图

施工流程见图 7.2.21。

图 7.2.21 楼梯钢筋安装施工流程图

2. 施工工艺要点

（1）施工前用粉笔在楼梯段底模上画出楼梯钢筋的位置线。

（2）绑扎楼梯钢筋时，优先绑扎主筋，之后再绑扎楼梯分布筋，要求各个点位绑扎牢固到位。

（3）在绑扎完底板筋后，需要先吊绑支好踏步模板，再去进行踏步钢筋的绑扎施工工作。见图 7.2.22。

（4）按照规范及标注设置楼梯主筋的位置和接头数目。

图 7.2.22 楼梯钢筋安装施工

第三节　钢筋工程质量通病防治手册

钢筋工程质量通病及防治表

表 7.3.1

序号	质量常见问题	防治措施	对应规范	质量常见问题图例	工艺标准图例
1	钢筋表面出现锈蚀：在钢筋表面出现严重的生锈现象，且锈迹颜色日渐加深，甚至最后开始出现如鱼鳞片般脱落的现象	1. 将钢筋原材存放进仓库或者是料棚里面，设置钢筋墩台，不与底地，将钢筋放置于墩台上，保持保存的干燥，保存的时间不宜过长 2. 若是情况不严重的锈迹可以进行除锈处理，若严重情况太过严重则不予考虑使用该钢筋材料	20G908-1《建筑工程施工质量常见问题预防措施》见（混凝土结构工程）		
2	混料：将不同规格、不同品种、不同等级以及直径混合堆放的钢筋材料放在一起	1. 在进行钢筋原材料的堆放时应进行分类堆放。2. 在钢筋下料之前也需对钢筋材料的规格和材质进行认真核对	20G908-1《建筑工程施工质量常见问题预防措施》见（混凝土结构工程）		
3	在钢筋直螺纹丝加工后没有对丝头进行保护，且钢筋端部不平整	在钢筋直螺纹丝套加工完成以后，需确保钢筋端头不平整、不平整需进行切割处理，之后一并为端头套上塑料帽对进行丝保护，以防钢筋出现污染和损坏	20G908-1《建筑工程施工质量常见问题预防措施》见（混凝土结构工程）		

续表

序号	质量常见问题	防治措施	对应规范	质量常见问题图例	工艺标准图例
4	箍筋弯钩不符合要求，未做成135°弯钩形式，且弯钩长度不达标	1. 箍筋弯钩的弯折角度：对一般结构，不应小于90°；对于抗震要求的结构，应为135°； 2. 若无抗震要求，则弯钩平直部分的长度需达到钩平直直径的5倍，有抗震要求的情况下，弯钩平直部分的长度不能低于箍筋直径的10倍	20G908-1《建筑工程施工质量常见问题预防措施（混凝土结构工程）》		
5	电渣压力焊：接头弯折	在进行电渣压力焊时，需要按照规范标准要求进行操作，焊接心随意，焊接过程需严谨。型号相匹配、型号配套，焊接时应与焊接钢筋同心，不可使钢筋发生晃动	JGJ 18—2012《钢筋焊接及验收规程》		
6	钢筋搭接焊：焊缝不饱满，焊缝长度不够	钢筋电弧焊应根据不同焊接位置、规格及不同钢筋牌号，选择与之相匹配的钢筋，配适应的焊接材料进行焊接；在焊接的途中，并且在焊止主筋被烧伤，需防接时清理清渣杂质，保持其表面的光滑、过渡平缓、填满弧坑，使焊缝饱满	JGJ 18—2012《钢筋焊接及验收规程》		

续表

序号	质量常见问题	防治措施	对应规范	质量常见问题图例	工艺标准图例
7	钢筋绑扎搭接长度不够	1. 纵向受拉钢筋及受压钢筋的搭接长度需要满足相关规范标准的要求。 2. 钢筋接头通常不设置在受力较大处，应该错落分开进行布置。绑扎搭接的接头数量，在同一截面内，对受拉钢筋不宜超过受力钢筋的 1/4，对受压钢筋不宜超过受力钢筋的 1/2。 3. 在搭接长度内，需将每根钢筋如上图一般进行三点式的绑扎，即两端距端头 30mm 处各绑扎一道，再在中间进行绑扎一道	16G101－1《混凝土结构施工图平面整体表示方法制图规则和构造详图（现浇混凝土框架、剪力墙、梁、板）》	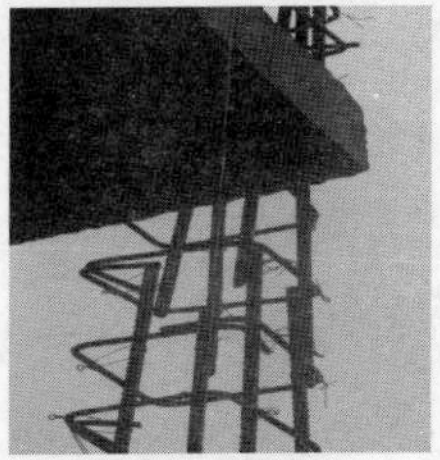	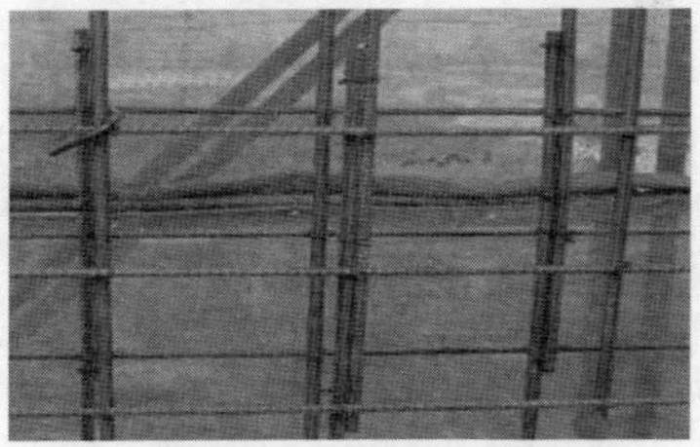
8	在同一连接截面中接头过多	1. 处于相同连接截面内的纵向受拉钢筋的接头需要错开放置，接头面积百分率不宜高于 50%，相同连接区段的长度应符合规范要求 2. 钢筋的接头位置不宜设置在受力较大位置处。对于同一纵向受力钢筋通常只设置一个接头	16G101－1《混凝土结构施工图平面整体表示方法制图规则和构造详图（现浇混凝土框架、剪力墙、梁、板）》	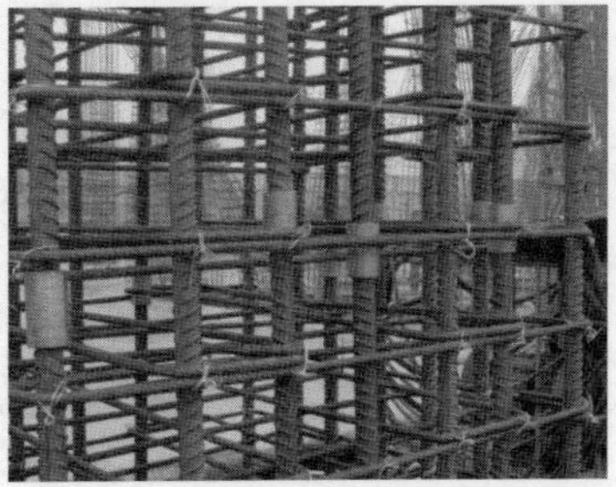	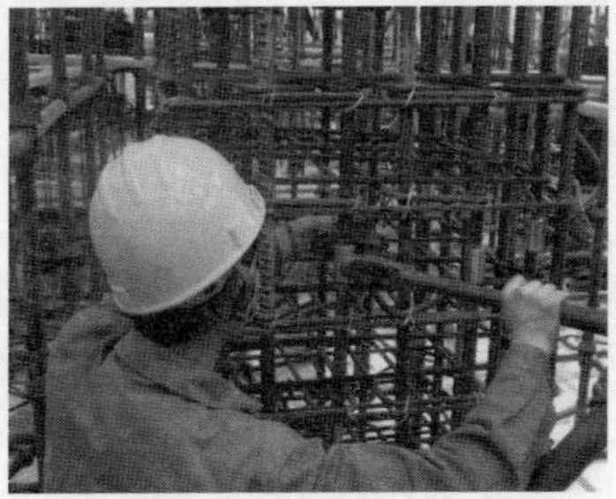

续表

序号	质量常见问题	防治措施	对应规范	质量常见问题图例	工艺标准图例
9	剪力墙钢筋偏位	采取梯子筋定位措施；定位梯子筋设置在楼板结构面以上 300～500mm 处，在浇筑梁板混凝土前在剪力墙钢筋上绑扎牢固；采用 φ16 钢筋制作	GB 50204—2015 《混凝土结构工程施工质量验收规范》		
10	柱纵向主筋偏位	采用定位卡箍措施；定位卡箍设置在楼板结构面以上 300～500mm 处，在浇筑梁板混凝土前在柱筋上绑扎牢固；采用 φ14 钢筋制作	GB 50204—2015 《混凝土结构工程施工质量验收规范》		
11	在梁柱接头的核芯受力区域缺失布置柱箍筋	理顺钢筋安装次序，严格按次序施工，也可采取 U 形箍焊接后封法加工措施	GB 50204—2015 《混凝土结构工程施工质量验收规范》		

续表

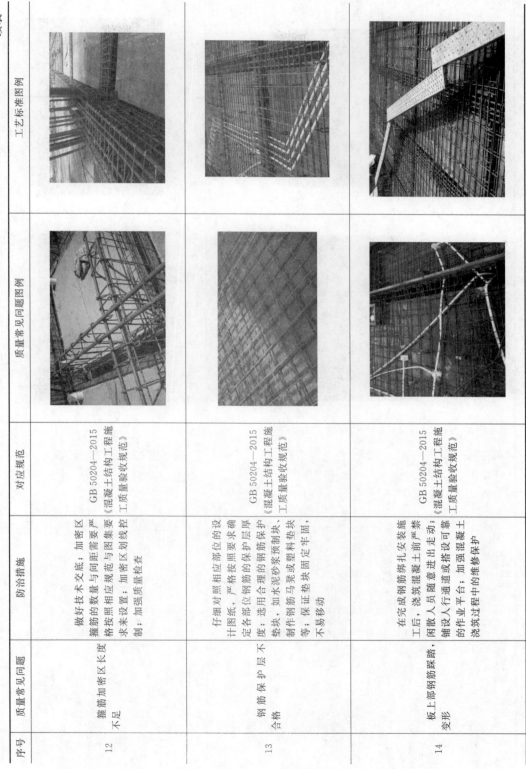

序号	质量常见问题	防治措施	对应规范	质量常见问题图例	工艺标准图例
12	箍筋加密区长度不足	做好技术交底；加密区箍筋的数量与相应图集需要严格按照规范与图集要求来设置；加密区划线控制；加强质量检查	GB 50204—2015《混凝土结构工程施工质量验收规范》		
13	钢筋保护层不合格	仔细对照相应部位的设计图纸，严格按照要求确定各部位钢筋的保护层厚度；选用合理的钢筋保护垫块，如水泥砂浆或塑料制垫块、制作钢筋马凳或塑料垫块等；保证垫块固定牢固，不易移动	GB 50204—2015《混凝土结构工程施工质量验收规范》		
14	板上部钢筋踩踏变形	在完成钢筋绑扎安装施工后，浇筑混凝土前严禁闲散人员随意进出走动；铺设人行通道或搭设可靠的作业平台；加强混凝土浇筑过程中的维修保护	GB 50204—2015《混凝土结构工程施工质量验收规范》		

续表

序号	质量常见问题	防治措施	对应规范	质量常见问题图例	工艺标准图例
15	没有拧紧钢筋直螺纹接头、丝扣外露的长度长度不达标	1. 在进行钢筋直螺纹连接时，使用与钢筋规格相适应的连接套筒进行连接，钢筋的连接丝丝部位以及套筒的丝扣要保证其整洁、否则不利于钢筋的连接。 2. 在连接两根钢筋时，需顶紧其中间位置处，连接套筒的中间位置不可以超过一个螺距，最后使用扭矩扳手将钢筋拧紧。 3. 钢筋接头的外露丝扣不允许多于一个完整丝扣	20G908-1《建筑工程施工质量常见问题预防措施（混凝土结构工程）》		
16	钢筋间距不合格	按照设计要求在模板板面弹钢筋位置控制线，板面钢筋按照位置线放置并绑扎牢固	20G908-1《建筑工程施工质量常见问题预防措施（混凝土结构工程）》		

续表

序号	质量常见问题	防治措施	对应规范	质量常见问题图例	工艺标准图例
17	梁二排钢筋位置不正确，钢筋排距不满足要求	施工人员应详细阅读图纸及标准相关规范，在方案及施工技术交底中详细说明梁钢筋的施工工艺流程及标准要求。当梁的主筋不是单排布置的情况下，可以在施工现场利用短钢筋做成排距架子的掌握，其直径大小不能低于梁主筋的直径大小，且不可低于25mm。长度减去梁保护层厚度。放置在两排主筋之间，方向与主筋方向垂直	20G908－1《建筑工程施工质量常见问题预防措施（混凝土结构工程）》		
18	柱箍筋的起步筋位置偏差较大	将柱箍筋起步筋距离楼板面的起始距离设置为50mm	20G908－1《建筑工程施工质量常见问题预防措施（混凝土结构工程）》		
19	楼梯梁钢筋没有伸入支座位置	1. 楼梯钢筋应按照设计要求翻样加工时严格控制下料长度、弯折位置和弯折角度。2. 在有设计楼梯梁钢筋的情况下，优先扎设梁钢筋。上部纵筋在伸至梁支座对边后再向下弯折，下部钢筋伸入支座，且不小于支座宽度的一半	16G101－2《混凝土结构施工图平面整体表示方法制图规则和构造详图（现浇混凝土板式楼梯）》		

续表

序号	质量常见问题	防治措施	对应规范	质量常见问题图例	工艺标准图例
20	随意在主筋上施焊定位钢筋	不可以直接在受力钢筋上焊接定位钢筋，应该焊接在之后附加的U形筋上面，在主筋上绑扎U形筋。在上、中、下处设置三道	20G908-1《建筑工程施工质量常见问题预防措施（混凝土结构工程）》		
21	结构梁钢筋骨架变形	1. 钢筋骨架绑扎点绑扎牢固。2. 准确布置受力钢筋位置，按规范要求摆放混凝土保护层垫块。防止在后进行的施工工作影响作用到已经施工完成的部位	16G101-1《混凝土结构施工图平面整体表示方法制图规则和构造详图（现浇混凝土框架、剪力墙、梁、板）》		
22	在洞口尺寸>300mm的情况下，设置有结构加强	洞口尺寸>300mm时，洞口设附加筋，钢筋数量、尺寸必须按照图纸设计要求设置，设计无要求时请参考钢筋平法施工图集	16G101-1《混凝土结构施工图平面整体表示方法制图规则和构造详图（现浇混凝土框架、剪力墙、梁、板）》		

第四节 数 字 化 技 术 交 底

选择某一区域为案例进行模型创建，图纸情况如图 7.4.1 所示。在 Revit 建模过程中，主要工作为按照图纸设计及规范标准完成该区域内承台、柱、梁等部位的钢筋布置，从而可以区别于平法图纸，形象生动地查看钢筋的放置情况。图 7.4.2 为模型的三维视图展示，模型中选用不同的颜色表示不同部位的钢筋，可以方便查看。接下来，将根据模型对不同部位的钢筋布置进行介绍。

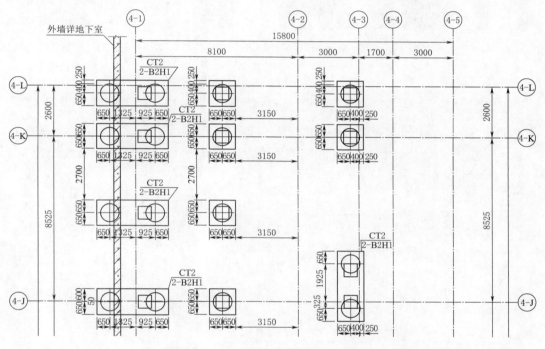

图 7.4.1 承台平面图 单位：mm

一、桩基承台

本工程设计使用桩基础承台形式，在选择建模的区域内承台主要有单桩承台和二桩承台。在现场的实际施工时，这二类承台钢筋都可以采用预先制成钢筋笼的形式，之后再放入承台内完成钢筋安装工作。图 7.4.3 为单桩承台 Revit 建模成果展示：

在进行 Revit 建模时，需要先布置好结构基础中的承台构件，后在软件中选择该结构开始布置钢筋。见图 7.4.4。

本次模型建设采用的是系统钢筋族，在布置钢筋时需在钢筋形状浏览器中选择合适的钢筋形状，并在属性栏中选用需要的钢筋类型与直径，放置钢筋时先选择放置平面，再调整放置方向，如该单桩承台选用近保护层参照作为放置平面，放置方向为平行于工作平面，这样可以完成承台钢筋笼水平环箍的布置。按照图纸设计，水平环箍为直径 14 的 HRB400 钢筋，钢筋间距 150mm，在放置好钢筋后可以设置它的布局方式，从原本的单

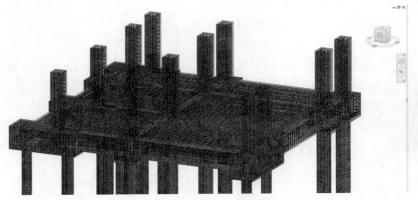

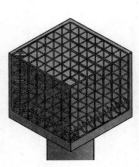

图 7.4.2　Revit 模型三维视图

图 7.4.3　单桩承台钢筋
笼建模模型

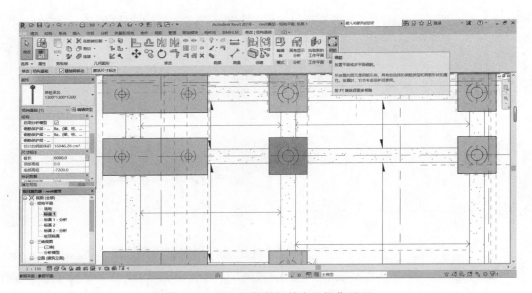

图 7.4.4　Revit 软件钢筋布置操作平面

根布置调整为按照最小净间距布置，间距设置为 150mm，该操作可以一次性将承台钢筋笼的水平环箍布置完毕，省去了很多繁琐的步骤，具体的操作平面如图 7.4.5 所示。

二桩承台，见图 7.4.6。

二桩承台的钢筋布置较单桩承台更为复杂一些，但大致相同。单桩承台主要布置三类环箍即可，而二桩承台需要布置底部与顶部钢筋、箍筋（图纸中为六肢箍形式）、侧面的腰筋以及梅花式布置的拉筋。以下为布置完成后的二桩承台钢筋模型。见图 7.4.7。

建议布置二桩承台钢筋时选用立面作为操作平面，如布置二桩承台的底部钢筋，选择钢筋形状→选择钢筋类型与直径→设置放置平面及方向→选用合适的布局方式。二桩承台底部钢筋为 22 根直径 25 的 HRB400 钢筋，故选用固定数量的布局方式，将数量设为 22 即可。见图 7.4.8。

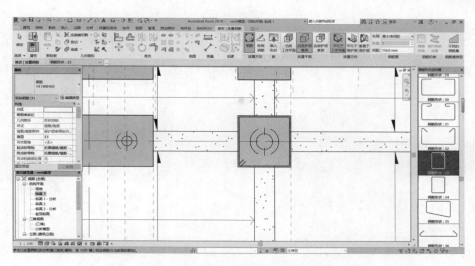

图 7.4.5　单桩承台钢筋布置

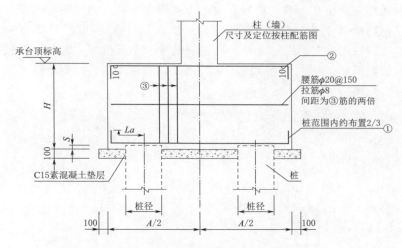

图 7.4.6　二桩承台钢筋平法图纸（单位：mm）

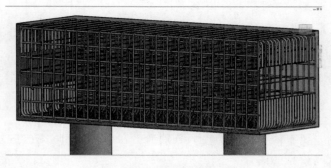

图 7.4.7　二桩承台建模模型

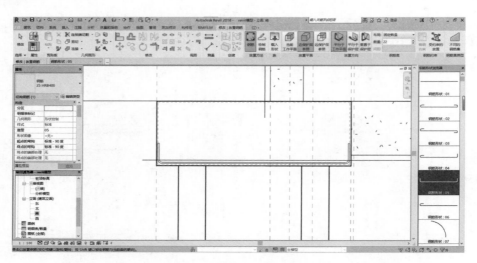

图 7.4.8 二桩承台钢筋布置

布置好后的钢筋只会在一开始放置它的那个视图内可见，如果需要在其他视图内查看此钢筋，可在钢筋的属性栏内找到"视图可见性状态"，打开后可以勾选相应的视图，完成后钢筋便该视图内可见。为在三维视图内更好地展示钢筋模型，需要在"视图可见性状态"中勾选三维视图后面的"作为视图查看"选项，操作完毕后，钢筋模型的三维视图会更加清晰立体。见图 7.4.9。

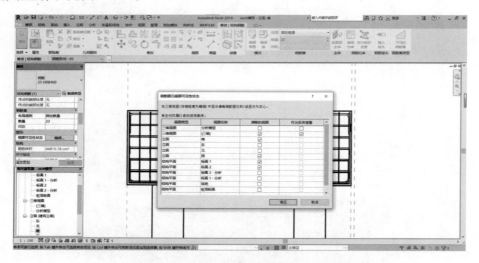

图 7.4.9 钢筋视图可见性状态调整

二、柱

在选择区域内主要有两中编号的柱，分别为 KZ1 和 ZHZ1。图 7.4.10、图 7.4.11 是两种柱的平法表示与模型的图片。

柱子钢筋的布置需要注意的点主要是箍筋加密区的设置。在布置箍筋时可以在上方的工具栏中选择需要的布局形式，主要分为：单根、固定数量、最大间距、间距数量、最小

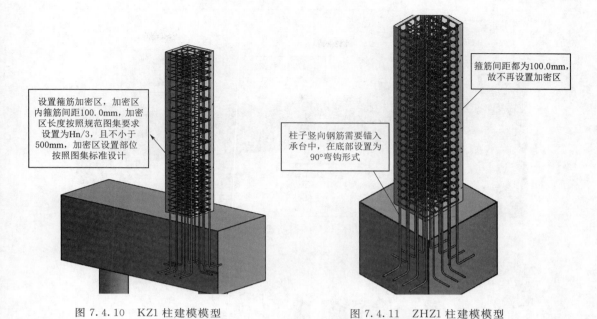

图 7.4.10 KZ1 柱建模模型   图 7.4.11 ZHZ1 柱建模模型

净间距这五种布局形式。见图 7.4.12。

如 KZ1 柱下部的箍筋加密区采用了间距数量的布局方法，这样可以更便捷准确地完成钢筋布置。还需注意的是柱竖向钢筋需要锚入承台内，在模型建设的过程中采用钢筋底部向外弯锚，这点可以在钢筋属性栏中实现该设置。

图 7.4.12 钢筋布局方式

三、梁

基础梁部分大致都设计为编号 DKL1 的梁钢筋构造。钢筋的布置方法与之前的承台、柱钢筋布置方发大致相同。需要注意的是按照图纸设计以及规范要求将梁钢筋的位置与构造形式设置准确。图 7.4.13 是梁钢筋模型的展示，同时也标注了一些梁钢筋布置的位置数量及标准要求等相关说明。

对于不同部位的钢筋选用不同的颜色显示可以更好地识别和区分钢筋模型。如图 7.4.13 中的梁钢筋显示为黄色。为实现该操作，需要在左下方的"视觉样式"中选用着色模式，若选择真实模式，则模型中所有钢筋都将呈现为略带锈迹的钢筋形式，且无法进行着色操作。调整完"视觉样式"后，选中相应钢筋并右键点击，选择"替换视图中的图形"→"按图元"，后续便可对钢筋模型的颜色进行调整显示。见图 7.4.14。

四、BIMFLIM 施工动画

将模型导出为".fbx"格式，使用 BIMFLIM 软件进行施工动画制作。按照施工顺序和施工要点，将模型分解并创建视图，最终形成交底 MP4 格式动画，供现场技术交底使用。

在使用软件时，主要操作为添加动画、制作动画。首先选中一个需要添加动画的结构，在左下方点击"添加"按钮，选择添加动画的类型。见图 7.4.15。

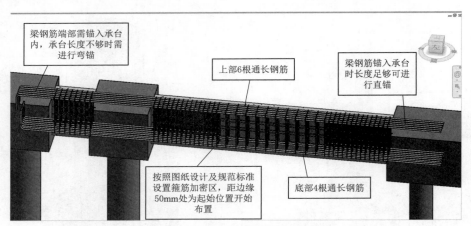

图 7.4.13 梁钢筋建模模型

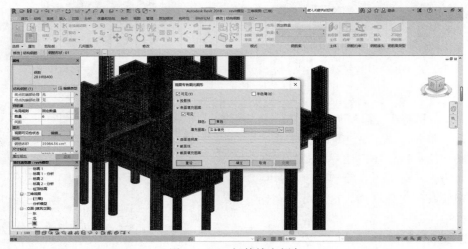

图 7.4.14 钢筋填充颜色

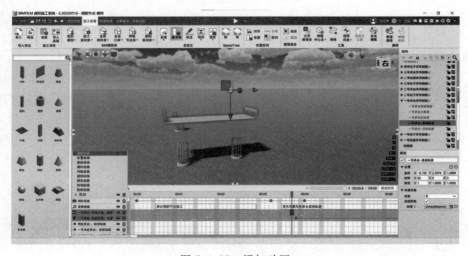

图 7.4.15 添加动画

在制作动画时，可以在下方选中一个时间点作为关键帧，调整该关键帧的帧属性，并且后续可在不同时间点插入关键帧，设置相应的帧属性，从而补充完善添加动画的内容。见图 7.4.16。

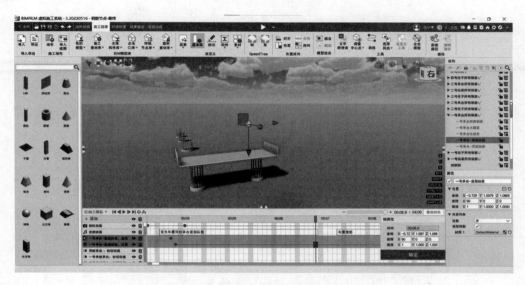

图 7.4.16 设置关键帧属性

在制作完成施工动画后，可以直接在软件内添加字幕及配音。软件内自带字幕动画与音频动画，且插入的音频可以使用文字转语音功能，将文本内容直接转换为音频配音，只需将音频内容设置到合适的帧数内即可。见图 7.4.17。

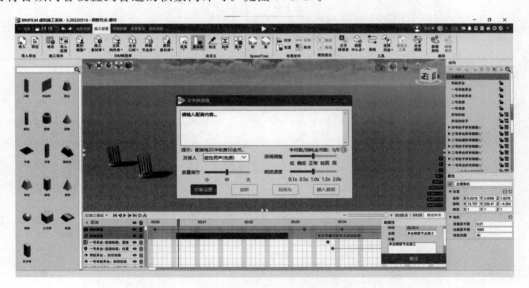

图 7.4.17 文字转语音功能

以下为制作完成后，动画成果内的部分截图展示。见图 7.4.18～图 7.4.21。

柱竖向钢筋需要锚入承台中，底部为弯锚形式

图 7.4.18　柱竖向钢筋安装动画

≥1.5倍梁高
且≥500mm

箍筋加密区的长度应大于等于1.5倍的梁高，且大于500mm

图 7.4.19　梁钢筋安装动画

图 7.4.20　柱箍筋加密区安装动画

图 7.4.21　漫游动画

第三篇　现金流量分析

　　在施工项目管理中，成本管理和现金流量分析决定项目盈利能力，已逐渐成为项目管理的核心内容。本篇以实际工程项目为案例，根据施工现场调研数据编制现金流量表，着重阐述了采用基于"MMTT"付款条件下的现金流量分析方法计算施工项目建设期间的盈利指标。通过盈利指标对其盈利情况进行分析和评价，为决策者提供财务评价指标，使决策者能够据此在建设项目进行中动态地做出决策。同时，通过计算16种不同的付款方式的NPV和IRR，对比分析了不同的现金流量支付方式对盈利能力指标的影响。

第八章 施工项目现金流量计算原理

第一节 项目施工节点的划分

在建设项目领域，节点是衡量建设进度的标志性环节或时间，项目进度可通过项目节点来描述。施工中常将施工工期按节点划分，从而分析重点工程工期，制定班组施工计划，以确保项目总工期的实现。中标后签订合同时也可按付款节点进行工程款的支付。

施工项目一般按基础完工、地下室封顶、主体工程封顶、工程竣工验收等划分项目的施工节点。

第二节 现金流入计算原理

中标后，施工单位中标文件中的《工程量清单》即为业主应支付的工程款，在合同文件中载明了支付工程款的比例和条件，同时在进度款支付时还需考虑人工费和材料费的调差。在工程开工后，双方签订了补充条款的，以补充文件为准。

一、预付款

预付款是业主在工程开工时支付的，专用于施工方对合同工程进行施工的款项。预付款支付比例一般不得低于签约合同价的 10%，但不得高于 30%，具体付款按合同约定的比例支付。然而，大部分施工项目在实施过程中，并无业主支付的预付款。

二、工程进度款

施工过程中，业主按照合同条款的约定对工程款进行期中支付，其支付周期与双方在合同中约定的工程计量的周期一致。

计算时，已标价工程量清单中的单价项目，承包人应当按照工程计量时确认的工程量乘以综合单价计算；如综合单价发生调整，按照调整之后的综合单价计算工程进度款。总价项目在计算时，按照合同约定的进度款的支付条件进行分解，分别列入本月进度款中的安全文明施工措施费和其他总价项目的金额中。

其中，甲供材料的费用，应当从月进度款中进行扣除。

三、工程结算款和决算款

竣工结算由施工单位以单位工程为对象进行编制，工程结算款的支付一般按照合同约定的比例计算。

竣工决算由建设单位以单项工程或建设项目为对象进行编制。此时，业主付款已支付至合同价款的 97% 以上，即支付了扣除质量保证金以外的全部价款。

四、回收款

（一）保留金的返还

订立合同时，发承包双方应在合同中载明预留保证金的比例，一般不超过工程价款结算总额的 3%。缺陷责任期满后，施工单位向业主申请返还保留金。

（二）农民工工资保障金的返还

为预防和解决拖欠或克扣农民工工资的问题，江西省规定，工程中标价小于等于1000 万元的，建设单位和施工企业分别按照中标合同价的 1.5% 缴纳；大于 1000 万元的，建设单位和施工企业分别按中标价的 1% 缴纳；工程竣工后，银行凭"工资保障金退款通知"将工资保障金的本金和利息退付给建设单位和建筑企业。

五、合同价款的调整

规范规定，施工期内，因人工、材料等因素影响合同价格时，人工费按建设行政主管部门等机构发布的人工成本文件进行调整；材料价格变化由发承包双方约定的风险范围按合同约定进行调整合同价款。

第三节　现金流出计算原理

一、施工前期上交费用

施工前期费用主要包括农民工工资保障金和施工安全保证金，这两笔费用在开工时施工方即上交给有关部门，在竣工时给予返还，其数值计算原理同回收款。

二、直接工程费

进行工程成本核算时，直接费用包括耗用的人工费、材料费、施工机械使用费及其他直接费用。这部分费用直接构成工程实体，或有助于工程实体的形成。

（一）人工费

人工费分为自有人员工资和外包人员工资。

自有人员工资即项目经理部内部计时工资人员（含管理人员、后勤人员、门卫、计时普工等）的工资，计算时按其数量和月工资金额计算月工资总额。

外包人工费指支付给直接从事施工作业的生产施工人员的费用。外包一般分为特殊专业外包（如土方工程）和需要特殊材料或队伍施工的工程（如防水工程）。这两类工程外包一般比自己施工更节约成本，一般采用包工包料和劳务外包。

外包人工费的计价方式一般采用很直观、简便的方式，如按建筑面积计价、每立方米计价、每吨计价等。外包价款的支付方式一般参照施工合同确定。

（二）材料费

材料费分为甲供材料、自己采购材料和租赁材料。

甲供材料费需从合同价款中扣除，不会产生现金流。除业主供材、包工包料外包外，所有建筑材料均由项目部自行采购，其供货方式和支付方式由供货合同确定。租赁材料主要是脚手架等周转材料，一般钢管按每吨每天计价，扣件每个每天计价，如有损坏、报失由施工单位负责。

（三）机械费

施工项目机械分为自有机械和租赁机械。

自有机械在现金流中只有燃料动力费；租赁机械一般指大型专用施工机械，主要有土方施工机械、垂直运输机械（吊车、人货梯、货梯）、吊篮等。土方施工机械一般按月租或按工程量租，垂直运输机械一般按月租。租赁机械的支付方式按租赁合同的付款条件确定。

三、总价措施费

措施项目费指在施工过程中，用于工程施工准备和施工技术、安全、生活、保护环境等方面的费用。

可以计量的措施项目，其费用按工程量乘以综合单价进行计算；不可计量的措施项目，通常按照计费基础乘以措施费费率确定其费用。

$$可计量措施项目费＝\sum（工程量×综合单价）$$
$$安全文明施工措施费＝计费基础×安全文明施工费率$$
$$其他不可计量措施费＝计费基础×措施费费率$$

四、企业管理费

企业管理费包括管理人员工资、福利费、津贴及补贴、办公费、差旅交通费等费用，还包括城市建设维护税、教育费附加等税费。计算时一般采用计费基础乘以费率的方法计算，计费基础可以是直接费、人工费、人工费和施工机具使用费合计。

五、上缴规费税金

规费是指按规定施工单位在施工过程中必须缴纳或者计取的，应当计入建筑安装工程总造价的费用，主要包括社会保险费、住房公积金和工程排污费；税金指按照国家税法规定应计入建安工程造价之内的增值税额。

（一）规费

社会保险费和住房公积金在计算时以定额人工费为计费基础，按建设主管部门等机构规定的费率进行计算；规费按环境保护部门等的规定按实计取。

$$社会保险费和住房公积金＝\sum（定额人工费×费率）$$

（二）税金

营业税改增值税之后，建安工程费中的税金特指应当计入工程造价的增值税，计算时按税前造价乘以增值税税率确定。采用增值税之后，城市建设维护税等税费一并计入企业管理费。

六、融资前现金流量分析

融资前，不考虑借贷资金，所有现金流入均来自业主付款和施工项目经理部自有资金，自有资金数额不受限制，见表8.3.1。

七、融资后现金流量分析

考虑业主付款的延迟和项目经理部自有资金数额的限制，编制表8.3.2所示表格测算融资后现金流量指标。

表 8.3.1 施工项目融资前现金流量表

序号	资 金	0	1	2	3	4	5	6	7	8	9	10	11	12
1	现金流入													
1.1	预付款													
1.2	进度款													
1.3	决算款													
1.4	结算款（扣保留金）													
1.5	保留金的返回													
1.6	农民工保证金的返回													
1.7	施工安全保证金的返回													
1.8	施工前期费用余值													
2	现金流出													
2.1	预付款的扣回													
2.2	施工前期费用													
2.3	农民工保证金													
2.4	施工安全保证金													
2.5	人工费													
2.5.1	自有人员人工费													
2.5.2	外包人工费													
2.6	材料费													
2.6.1	自己采购材料费													
2.6.2	业主供材材料费													
2.6.3	租赁材料费													
2.7	机械费													
2.7.1	自有机械机械费													
2.7.2	租赁机械机械费													
2.8	其他费用													
2.9	上交企业费用													
3	净现金流量													
4	累计净现金流量													
5	折现净现金流量													
6	累计净现金流量													
	净现值													
	内部收益率													

表 8.3.2　　　　　　　　　　　施工项目融资后现金流量

序号	资　金	0	1	2	3	4	5	6	7	8	9	10	11	12
1	现金流入													
1.1	预付款													
1.2	进度款													
1.3	决算款													
1.4	结算款（扣保留金）													
1.5	保留金的返回													
1.6	借贷资金													
1.7	农民工保证金的返回													
1.8	施工安全保证金的返回													
1.9	施工前期费用余值													
2	现金流出													
2.1	预付款的扣回													
2.2	施工前期费用													
2.3	农民工保证金													
2.4	施工安全保证金													
2.5	人工费													
2.5.1	自有人员人工费													
2.5.2	外包人工费													
2.6	材料费													
2.6.1	自己采购材料费													
2.6.2	业主供材材料费													
2.6.3	租赁材料费													
2.7	机械费													
2.7.1	自有机械机械费													
2.7.2	租赁机械机械费													
2.8	其他费用													
2.9	上交企业费用													
2.10	借贷资金偿还													
2.10.1	借贷资金本金偿还													
2.10.2	借贷资金利息偿还													
3	净现金流量													
4	累计净现金流量													
5	折现净现金流量													
6	累计净现金流量													
	净现值													
	内部收益率													

第九章　某安置房项目现金流量计算

第一节　某安置房项目工程概况

一、项目基本概况

（一）项目名称

某安置房项目。

（二）参建单位

(1) 建设单位：某投资集团有限公司。

(2) 设计单位：某建筑设计咨询有限公司。

(3) 监理单位：某工程建设监理有限公司。

(4) 勘察单位：某工程勘察院。

(5) 施工单位：某建设集团有限公司。

二、工程规模

本项目为某安置房项目，规划总用地 34.066 亩，总建筑面积 55607.78m²，由 2 栋高层住宅，1 栋物业建筑，2 栋门卫楼组成。容积率 2.10，绿地率 35.66%，安置用户数 458 户，建安造价 1.25 亿元，总投资 1.64 亿元。

项目中：1 号～3 号、5 号、6 号楼为住宅，7 号楼为配套用房，8 号、9 号楼为门卫。

目前工程进度：施工方于 2018 年 12 月进场，2019 年 11 月开始施工地下室，目前主体已经完工，正在进行外内墙的粉刷，项目预计在 2021 年 12 月完工。

表 9.1.1　　　　　　　　　项目楼栋具体情况

楼号	地下层数	地上层数	建筑高度/m	建筑面积/m²	结构类型	单元数
1	1	28	81.5	16971.01	剪力墙结构	2
2	1	29	84.4	15945.52	剪力墙结构	2
3	1	7	20.3	3109.11	剪力墙结构	3
5	1	9	26.1	2167.38	剪力墙结构	3
6	1	9	26.1	3489.21	剪力墙结构	2
7	0	1	5.075	625.10	框架结构	
8	0	1	4.7/3	6	框架结构	
9	0	1	4.7/3	6	框架结构	
地下室	1			12919.95		

三、项目收集资料

本研究在研究前期前往施工现场进行了实地调研，在项目部项目经理、技术负责人等的帮助下收集了相关资料，具体有：

（1）工程量清单。

（2）费用调查表：人工费调查表、材料设备费调查表、机械费调查表。

（3）施工进度计划。

（4）施工现场建筑图纸、现场平面布置图等。

第二节　项目施工节点的划分

本研究将施工工期按表9.2.1节点划定，即支付方式中的节点按下表确定，以研究不同支付方式对盈利能力指标的影响。

表 9.2.1　　　　　　　　　　　施工节点划定表

楼号	主体进行到一半	主体完成	单栋完成
1	2020 年 6 月	2020 年 9 月	2021 年 9 月
2	2020 年 6 月	2020 年 9 月	2021 年 9 月
3		2020 年 5 月	2021 年 6 月
5		2020 年 6 月	2021 年 7 月
6		2020 年 5 月	2021 年 8 月
7		2020 年 6 月	2021 年 8 月
8		2020 年 8 月	2021 年 8 月
9		2020 年 8 月	2021 年 8 月
室外工程			2021 年 11 月

	基础完成	±0 封顶	装修完成
地下室		2020 年 1 月	2021 年 9 月

第三节　施工进度计划编制

根据施工现场情况，施工单位于2018年12月进场，2019年3—5月搭建项目部。现场于2019年6月开始进行支护桩和工程桩及土方工程和护坡的施工，随后于2019年10月开始施工地下室。

地下室分为9个板块进行施工，包括砖胎膜砌筑、施工垫层、底板和顶板钢筋绑扎、底板和顶板模板安装、浇筑底板和顶板混凝土，工期从2019年10月—2020年1月。2020年施工进度计划见表9.3.1。

2021年主要进行室内装饰工程、安装工程以及外墙涂料工程，项目预计在2021年12月竣工。

在计算项目每月的现金流入、现金流出时，先计算各分部工程流入、流出总和，再按施工进度计划的施工天数平摊到每一天，最后按月进行统计。

157

表 9. 3. 1   2020 年施工进度计划

工 作 内 容	天数	施工起讫日期
1 号工程进度		
主体结构	171	2020 年 4 月 1 日—2020 年 9 月 18 日
二次结构、砌筑工程	168	2020 年 6 月 21 日—2020 年 11 月 5 日
内外墙粉刷	112	2020 年 10 月 22 日—2021 年 2 月 10 日
外架拆除	20	2021 年 1 月 22 日—2021 年 2 月 20 日
2 号工程进度		
主体结构	175	2020 年 4 月 1 日—2020 年 9 月 22 日
二次结构、砌筑工程	174	2020 年 6 月 24 日—2020 年 12 月 14 日
内外墙粉刷	116	2020 年 10 月 18 日—2021 年 2 月 10 日
外架拆除	20	2021 年 1 月 22 日—2021 年 2 月 20 日
3 号工程进度		
主体结构	52	2020 年 4 月 1 日—2020 年 5 月 22 日
二次结构、砌筑工程	42	2020 年 5 月 1 日—2020 年 6 月 11 日
内外墙粉刷	28	2020 年 6 月 3 日—2020 年 6 月 30 日
外架拆除	6	2020 年 7 月 1 日—2020 年 7 月 6 日
5 号工程进度		
主体结构	73	2020 年 4 月 11 日—2020 年 6 月 22 日
二次结构、砌筑工程	30	2020 年 6 月 23 日—2020 年 7 月 22 日
内外墙粉刷	36	2020 年 7 月 23 日—2020 年 8 月 27 日
外架拆除	10	2020 年 8 月 28 日—2020 年 9 月 6 日
6 号工程进度		
主体结构	52	2020 年 4 月 1 日—2020 年 5 月 22 日
二次结构、砌筑工程	45	2020 年 5 月 23 日—2020 年 7 月 6 日
内外墙粉刷	28	2020 年 7 月 7 日—2020 年 8 月 3 日
外架拆除	10	2020 年 8 月 4 日—2020 年 8 月 13 日
7 号工程进度		
主体结构	10	2020 年 6 月 1 日—2020 年 6 月 10 日
二次结构、砌筑工程	10	2020 年 6 月 11 日—2020 年 6 月 20 日
内外墙粉刷	10	2020 年 6 月 21 日—2020 年 6 月 30 日
外架拆除	4	2020 年 6 月 7 日—2020 年 7 月 4 日
8 号、9 号工程进度		
主体结构	10	2020 年 8 月 1 日—2020 年 8 月 10 日
二次结构、砌筑工程	10	2020 年 8 月 11 日—2020 年 8 月 20 日
内外墙粉刷	10	2020 年 8 月 21 日—2020 年 8 月 30 日
外架拆除	4	2020 年 9 月 1 日—2020 年 9 月 4 日

在现金流量表的编制中，本人主要负责2号楼外内墙粉刷、外架拆除、门窗工程、安装工程、外墙涂料、人工费和材料费调差部分，以及整个项目的机械费、农民工工资保障金的返还、施工安全保证金的返还和施工前期费用余值。

第四节　现金流入的计算

现金流入主要基于项目部的《工程量清单》进行计算，根据施工单位与建设单位签订的合同文件中载明的支付形式计算工程进度款、工程结算款和决算款、回收款，同时考虑人工费和材料费的调差。

合同中约定，业主支付工程款的比例为：工程进度款按月进度支付70％，竣工时支付至85％，竣工决算支付至97％，缺陷责任期满后支付3％保留金。其中，竣工决算为竣工后第三年，缺陷责任期为1年。

一、预付款

按照合同约定，本项目无预付款。因此无此项费用的流入与流出。

二、工程进度款

工程进度款支付工期为2019年5月—2021年12月。计算现金流入时，先按照横道图上的各分部工程对各楼栋总造价进行划分，计算流入小计，再按分部工程的工期平摊，得到各月现金流入。

其中，安全文明施工措施费采用简化模型法计算，按表所示流入比例计算，规费和税金的流入随分部分项工程费用的流入比例计算。

业主与施工单位在合同中约定，施工单位在每月月中提交产值月报表上交给监理单位。监理单位核算月报表后，除安全文明施工措施费全额支付外，业主每月月中支付上月产值的70％。

三、工程结算款和决算款

（一）工程结算款

工程结算款发生在竣工验收的后一个月，即2022年1月。竣工结算时业主支付至合同价款的85％，结算款计算公式如下：

$$工程结算款＝各单项工程造价×（70％～85％）$$

考虑到需对各单项工程进行人工费和材料费的调差，且缺陷责任期满后的保留金计费基础是未进行费用调差的中标合同价，故结算款公式调整为：

工程结算款＝各单项工程现金流入总额－工程进度款合计－决算款－保留金返回

（二）决算款

竣工决算发生在竣工验收之后的第三年，即2025年1月。竣工决算时业主支付至合同价的97％，此时，安全文明施工措施费已由业主全部支付完毕。决算款计算公式如下：

$$决算款＝（各单项工程造价－安全文明施工措施费）×（85％－97％）$$

四、回收款

（一）保留金的返还

本项目的缺陷责任期为1年，缺陷责任期满后业主将保留金返还给施工单位，即在

2026 年 1 月返还。双方在合同中约定，保留金为合同价款总额的 3%。

$$保留金返还 = 125248715.04 \times 3\% = 3757461.45(元)$$

（二）农民工工资保障金的返还

本项目中标合同价约为 1.25 亿元，应按招标要约价的 1% 进行农民工工资保障金的缴纳。在竣工结算时，即 2022 年 1 月将本金和利息一并返还给施工单位，其中利息计算时，按中国人民银行的协定存款利率 1.15% 计算。

$$利息 = 1252487.15 \times [(1 + 1.15\% / 12)\hat{}\, 32 - 1] = 38985.65(元)$$

（三）施工安全保证金

为保证安全生产的资金投入，预防安全生产事故，本项目施工单位在开工前需缴纳合同价的 0.5% 作为施工安全保证金，在竣工时返还施工安全保证金。

$$施工安全保证金 = 125248715.04 \times 0.5\% = 626243.58(元)$$

五、合同价款的调整

（一）人工费调差

赣建价〔2020〕5 号文件中指出，自 2020 年 12 月 20 日起，2017 版《江西省建设工程定额》中的建筑、安装、市政工程定额综合工日单价调整为 100 元/工日；装饰工程定额综合工日单价调整为 117 元/工日。本项目《工程量清单》中载明，"综合工日及机械人工单价为 85 元/工日，装饰、仿古建筑工程定额综合工日单价调整为 96 元/工日。"

故本项目中在 2021 年进行的室内装饰工程、安装工程、外墙涂料需进行人工费调差，具体数据见表 9.4.1。

表 9.4.1　　　　　　　　　　人 工 费 调 差 表

项　　目	占分部分项工程费的比例/%	人工费调整比例/%	人工费增加值/元
装饰工程	14.90	21.88	160029.25
外墙涂料工程	3.27	21.88	35106.35
安装工程	536369.27	17.65	94653.40

（二）材料费调差

编制投标文件时，本项目的材料价格按 2018 年 7 月《某地建设工程造价信息》的材料信息价取定，信息价中没有的材料参照同期市场价格计算。随着施工项目的进行，因材料价格波动影响合同价款，需对材料费进行费用调差。

合同中约定，以 2018 年 7 月材料单价为基准单价。施工期间材料单价涨幅在 10% 以内的，不予以调整；材料单价涨幅超过 10% 的，只调整超过 10% 的部分。施工期间材料单价跌幅在 10% 以内的，不予以调整；材料单价跌幅超过 10% 的，只调整超过 10% 的部分。

见表 9.4.2，预拌地面砂浆增幅为 6.93%，小于 10%，其余材料需进行调整。

六、施工前期费用余值

施工前期费用余值主要包括工程施工过程中板房的拆除、钢管等废材的回收余值。

板房在拆除时按建筑面积 20 元/m² 进行回收；施工现场钢管回收所得费用余值约为 6 万元。

施工前期费用余值＝627.84×20＋60000＝72556.80(元)

表 9.4.2　　　　　　　　　外内墙粉刷材料费调查表

材　料	2018 年信息价/元	2020 年信息价/元	增减幅度/%	材料价差/元	工程量/m²	合价/元
干混抹灰砂浆 M10	627.38	723.01	15.24	32.89	411.35	13529.91
预拌地面砂浆（干拌）DSM15	467.61	500	6.93	0	9.3229	0
无机活性保温砂浆	674.27	780	15.68	38.30	228.06	8735.19
合　计						22265.10

第五节　现金流出的计算

一、施工前期上交费用

（一）农民工工资保障金

本项目工程报价在 1000 万元以上，建设单位和建筑企业需分别按中标合同价的 1% 缴纳农民工工资保障金。

农民工工资保障金＝招标要约价×1%＝1252487.15(元)

（二）施工安全保证金

施工安全保证金＝招标要约价×0.5%＝626243.58(元)

二、直接工程费

（一）人工费

本项目外包人工费计算时，工程量采用《工程量清单》中的工程量，单价采用调研所得的表 9.5.1 中的数据。施工单位支付人工费的付款比例参照与业主签订的合同中规定：单项完成月进度 70%、单栋完成支付至 90%、全部完成（竣工）支付至 95%、完工 6 个月后付清尾款。

表 9.5.1　　　　　　　　　人 工 费 调 查 表

工种	承包内容	承包方式	承包价格区间
木工	主体结构支模、二次结构支模	按实际面积，包工包料	30～35 元/m²
钢筋工	提供相关机械钢筋制作、绑扎	地下室（±0 以下），按吨位	700～750 元/t
		±0 以上，按建筑面积	40～45 元/m²
泥工	基础开挖人工整平，砌筑砖胎膜、浇筑混凝土、墙体砌筑、内外粉刷	±0 以下，包工	140～145 元/m²

续表

工种	承包内容	承包方式	承包价格区间
泥工	基础开挖	土地平整采用小工	大工 300 元/d
			小工 200 元/d
	浇筑混凝土	地下室垫层，按实际占地面积，包工	5 元/m²
	浇筑混凝土	±0 以上，按建筑面积，包工	15~20 元/m²
	砌墙	按实际砌筑体积（包含拉砖拉灰、砌筑）	200~260 元/m³
	内墙抹灰	按实际面积（包含拉灰）	12~15 元/m²
	外墙抹灰，包括保温	按实际面积	32~35 元/m²
	地下室找平	按实际施工面积	12~15 元/m²
架子工	搭设、拆除脚手架	按建筑面积。包工包料，外墙粉刷完成后拆架	地下室 50~60 元/m²
			多层 60~80 元/m²
			高层 80~100 元/m²
涂料工	内墙刮瓷	按实际面积，包工包料	15~20 元/m²
	外墙涂料	按实际面积，（包工包料、含吊篮租赁费）	15~20 元/m²
防水工	自粘防水卷材双层 3mm 厚	包工包料，按建筑面积，不算搭接部分	90 元/m²
	自粘防水卷材 3mm 厚＋4mm 耐根穿刺卷材	包工包料，按建筑面积，不算搭接部分	110 元/m²
	自粘防水卷材双层 1.5mm 厚	包工包料，按建筑面积，不算搭接部分	70 元/m²
	1.2 厚聚合物水泥基复合防水涂料	包工包料，按建筑面积，不算搭接部分	30 元/m²
贴地砖			30~40 元/m²

2 号楼外内墙粉刷、外架拆除、门窗工程、安装工程、外墙涂料的人工费见表 9.5.2。

表 9.5.2　　　　　　　　　部 分 人 工 费

工种	项 目 名 称	单价	单位	工程量	总价/元
泥工	外墙 1（阳台）墙柱面	32	元/m²	6780.36	216971.52
	外墙 2（无外墙漆）墙柱面	32	元/m²	751.95	24062.40
	零星抹灰	35	元/m²	297.51	10412.85
	板面侧粉刷凸窗板	12	元/m²	146.91	1762.92
	板底侧粉刷凸窗板	12	元/m²	146.91	1762.92
	板面侧粉刷	12	元/m²	102.68	1232.16
	板面侧粉刷	12	元/m²	143.10	1717.20
	内侧粉刷	15	元/m²	412.85	6192.75
	内侧粉刷	15	元/m²	234.32	3514.80

工种	项目名称	单价	单位	工程量	总价/元
泥工	外墙保温	32	元/m²	6707.50	214640.00
	外墙水泥面层	32	元/m²	2108.20	67462.40
	内墙面1	15	元/m²	2808.39	42125.85
	内墙面2	15	元/m²	9301.47	139522.05
涂料工	外墙真石漆	50	元/m²	909.67	45483.50
	外墙真石漆	50	元/m²	9456.20	472810.00
架子工		80	元/m²	15945.52	1275641.60
合计		2525314.92			

（二）材料费

本项目材料均为施工方自行采购的材料，无甲供材料和租赁的材料。对材料费计算时，工程量按《工程量清单》中的综合单价分析表取定，材料单价按实地调研所得的表9.5.3取定。材料费支付时，所采取的比例为：月结70%，完工后结余。

表9.5.3   材料费调查表

材料	材料价格	承包方式
钢材	信息价	信息价下浮100元/t
成品砂浆	信息价	信息价下浮40元/m³
混凝土	3%	信息价下浮5%～8%，泵送费20元/m³
加气砖		信息价
烧结砖	3%	信息价
门、窗		按清单价格下浮15%
其他材料		按清单价格下浮15%

计算可得，2号楼外内墙粉刷、外架拆除、门窗工程、安装工程、外墙涂料的材料费见表9.5.4。

表9.5.4   部分材料费

名称	单价	单位	工程量	总价/元
木质丙级防火门	206.92	元/m²	104.06	21531.63
木质甲级防火门	277.66	元/m²	11.03	3062.60
钢质乙级防火防盗门	384.58	元/m²	397.42	152840.78
电子防盗门	454.33	元/m²	31.54	14329.68
普通门（M1021）	281.11	元/m²	4.58	1287.49
铝合金推拉门	309.49	元/m²	849.71	262972.50
铝合金窗	314.88	元/m²	1004.55	316315.22
铝合金防火玻璃窗	603.05	元/m²	474.10	285905.77

续表

名　称	单　价	单　位	工程量	总价/元
深褐色铝合金防雨百叶	175.04	元/m²	701.77	122838.17
楼梯栏杆 $H=1050$（1 号～5 号）	170.00	元/m	288.91	49114.70
玻璃平台栏板 $H=1050$	178.50	元/m	578.46	103255.11
玻璃平台栏板 $H=600$	110.50	元/m	72.05	7961.53
玻璃平台栏板 $H=400$	85.00	元/m	94.16	8003.60
凸窗栏杆 $H=950$	136.00	元/m	794.58	108062.88
轮椅坡道扶手 $H=900$	110.50	元/m	15.76	1741.48
干混抹灰砂浆 M10	664.55	元/m³	411.35	273360.72
预拌地面砂浆（干拌）DSM15	460	元/m³	9.32	4288.53
无机活性保温砂浆	740.00	元/m³	228.06	168760.70
聚合物抗裂砂浆	8.59	元/m²	6707.50	57640.90
其他材料				30157.03
套管				70292.29
安装工程				1332844.76
合　计			3396568.06	

（三）机械费

机械费主要计算的是基础完工后搭建的两台塔吊以及各楼栋的人货梯的费用，按表 9.5.5 取定，施工中所需的其他机械（如挖掘机）由外包施工人员自行携带。

表 9.5.5　　　　　　　机 械 费 调 查 表

租赁机械	租赁价格	支付方式	备　　注
塔吊	进出场费：40000 元/台 租金：25000 元/月	月结	6 个月起租，每台塔吊工 1 人、信号工 1 人
人货梯	进出场费用：10000 元/台 租金：12000 元/月	月结	6 个月起租，每台司机 2 人
货梯	进出场费用：6000 元/台 租金：6000 元/月	月结	6 个月起租，每台司机 1 人

计算可得，整个项目的人货梯、塔吊机械费见表 9.5.6。

表 9.5.6　　　　　　　部 分 机 械 费

机械	收费项目	租赁时间	单价	单位	工程量	总价/元
塔吊	进出场费	2019 年 11 月— 2021 年 2 月	40000	元/台	2	80000
	租金		25000	元/月	32	800000
	司机		9000	元/月	32	288000
	信号工		6000	元/月	32	192000

续表

机械	收费项目	租赁时间	单价	单位	工程量	总价/元
1号：人货梯	进出场费	2020年6月—2021年9月	10000	元/台	1	10000
	租金		12000	元/月	16	192000
	双司机		5000	元/月	32	160000
2号：人货梯	进出场费	2020年6月—2021年9月	10000	元/台	1	10000
	租金		12000	元/月	16	192000
	双司机		5000	元/月	32	160000
3号：人货梯	进出场费	2020年7月—2021年6月	10000	元/台	1	10000
	租金		12000	元/月	12	144000
	双司机		5000	元/月	24	120000
5号：人货梯	进出场费	2020年9月—2021年7月	10000	元/台	1	10000
	租金		12000	元/月	11	132000
	双司机		5000	元/月	22	110000
6号：人货梯	进出场费	2020年9月—2021年8月	10000	元/台	1	10000
	租金		12000	元/月	12	144000
	双司机		5000	元/月	24	120000
合　计		2884000				

三、总价措施费

安全文明施工措施费采用简化模型法计算，按所示流出比例计算。即开工之前花费60%的安全文明施工措施费，剩余40%按分部分项工程款的比例支付。

四、企业管理费

计算此部分费用时采用简化模型法，管理费计算公式如下：

企业管理费＝招标要约价×2%＝125248715.04×2%＝2504974.30（元）

五、上交规费税金

由于规费和税金实际计算时项目繁多，且由于增值税专用发票等资料收集的限制，这部分采用简化模型计算。在计算时，规费和税金的总额为《工程量清单》中载明的价款，其流出随分部分项工程费用的比例支出。计算公式如下：

规费＝规费合计×（当月分部分项工程费/分部分项工程费合计）

税金＝税金合计×（当月分部分项工程费/分部分项工程费合计）

六、其他费用

（一）餐费

地下室施工之前，项目经理部配有4名管理人员，地下室开始施工后，共有13名管理人员。自有人员人工费按月均工资8000元计算。

项目部餐费支出主要是管理人员以及塔吊、人货梯司机信号工用餐的费用，计算时按照20元/（人·d）计算。

（二）安装工程、安装暂列金、室外工程

由于项目的安装工程、安装暂列金以及室外工程尚未有一个具体的施工方案，施工图概预算尚未编制，故本研究中对这一部分的费用在清单价的基础上计算。其中，安装工程按清单总价下浮 25％（套管部分与主体结构同步进行）；室外工程中的园建园林工程按清单总价下浮 20％，其余按清单总价计算。

（三）借贷资金

本项目自有资金为招标要约价的 10％，即开工时项目经理部的账面余值。计算借贷资金时，先求出融资前的净现金流量和累计净现金流量，将自有资金与融资前累计净现金流量相加，从而可以判断是否需要借贷资金。

第十章 基于 MMTT 的现金流量 施工项目实例分析

第一节 MMTT 概 念

施工项目现金流量分为现金流入和现金流出，现金流出中构成流出主体的主要是人工费、材料设备费和机械费。

本书中"MMTT"分别对应现金流入、现金流出中的人工费、材料设备费和机械费的支付方式，"M"代表按月支付，"T"代表按节点支付。"MMTT"意为现金流入和人工费按月进行支付，材料设备费和机械费按节点进行支付。

第二节 MMTT 现金流量表的编制

在前期的现金流量计算完成后，现金流入按月支付，现金流出中的人工费按月支付，材料费和机械费按节点支付，即按节点进行计算。

融资前累计净现金流量为 6030593.59 元。项目经理部自有资金比例为合同价的 10%，即 12524871.50 元，这笔资金可理解为开工时项目经理部的账面余值。随着施工的不断进行，账面余值不断减小，账面余值为负的最大值即为整个项目所需的借贷资金累计，如表 10.2.1 所示，2021 年 10 月需借款 15998216.67 元，2021 年 11 月需借款 245318.68 元，累计借款 16243535.35 元。

表 10.2.1 　　　　　　　　　　资金使用计划与资金筹措表　　　　　　　　　　单位：元

项 目	合计	2021 年 9 月	2021 年 10 月	2021 年 11 月	2021 年 12 月
融资前现金流入		4660449.39	3947201.10	2662030.81	1719505.38
融资前现金流出		6792541.98	26085781.34	2907349.48	1050722.89
融资前净现金流量		−2132092.60	−22138580.24	−245318.68	668782.49
融资前累计净现金流量		−6384507.94	−28523088.18	−28768406.85	−28099624.36
自有资金	12524871.5				
账面余值		6140363.57	−15998216.67	−16243535.35	−15574752.86
当月借贷资金	16243535.35	0.00	15998216.67	245318.68	0.00

借贷资金偿还方式为复利计息，贷款年利率为 4.75%，2022 年 1 月一次性还本付息，见表 10.2.2。

项　目	合计	2021 年 10 月	2021 年 11 月	2021 年 12 月	2022 年 1 月
月初借款累计			15998216.67	16306861.62	16371409.62
本月借款	16243535.35	15998216.67	245318.68	0.00	0.00
本月应计利息	192677.76		63326.27	64547.99	64803.50
本月偿债	16243535.35				16243535.35
本月支付利息	192677.76				192677.76

表 10.2.2　偿 债 付 息 表　单位：元

第三节　MMTT 现金流量表盈利能力分析指标的计算

（一）净现值（NPV）

本项目基准收益率按 5% 取定，则月基准收益率为 0.42%，将计算期内各月的净现金流量折现到建设期初，即 2019 年 5 月，可得融资后净现值：

$$NPV = 2621425.46（元）$$

（二）内部收益率（IRR）

项目的内部收益率是项目到计算期末将未收回的资金正好全部收回来时的折现率。对内部收益率进行手算时，一般采用线性插值法，其计算精度与选取的两个利率差值的大小有关，且只适用于常规现金流量的项目。本项目具有非常规的现金流量，如图 10.3.1 所示，不适用线性内插法。借助 Excel 软件内置 IRR 函数可求得融资后内部收益率：

$$IRR = 11.19\%$$

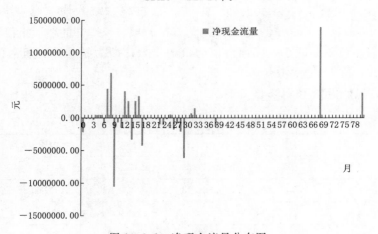

图 10.3.1　净现金流量分布图

第四节　MMTT 现金流量分析

一、现金流量结构分析

现金流量结构分析即在同一时期下，通过现金流量表中的三个项目（投资、筹资和经营）之间的对比关系，分析资金的来源和去向，以此了解现金流入/出对净现金流量的影响。

（一）现金流入结构分析

本项目中的现金流入结构分析主要研究建设期内，即 2019 年 5 月—2021 年 12 月的三个活动项目（自有资金、业主付款、借贷资金）的现金流入，见表 10.4.1 和图 10.4.1。因业主支付结算款和决算款的发生时间点在建设期外，故不对其进行分析。

表 10.4.1　　　　　　　2019—2021 年现金流入汇总表　　　　　　单位：元

项　目	合　计	2019 年	2020 年	2021 年
自有资金	12524871.50	2727421.67	9797449.83	0.00
业主付款	90967936.29	12927700.25	48241127.14	29799108.90
借贷资金	16243535.35	0.00	0.00	16243535.35

自有资金的流入分布在 2019 年和 2020 年，其中 2020 年占比 78.22%，此时施工现场正在进行各楼栋主体结构的施工；业主付款的现金流入对现金总流入的贡献显著，其比例在 2020 年达到峰值，这也与 2020 年进行主体结构施工相一致；借贷资金借款发生在 22021 年，此时自有资金和业主付款不足以抵消项目的现金流出，其借款的数额必然引起利息的支付，给项目经理部造成了偿债的压力。

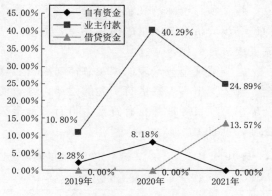

图 10.4.1　安置房项目现金总流入占比

（二）现金流出结构分析

本项目中的现金流出结构分析主要研究建设期内，即 2019 年 5 月—2021 年 12 月的三个活动项目（人工费、材料设备费、机械费）的现金流出，见表 10.4.2 和图 10.4.2。

表 10.4.2　　　　　　　项目人工费、材料费和机械费汇总表　　　　　　单位：元

项目	合计	2019 年	2020 年	2021 年	2022 年
人工费	30445051.28	4822749.29	12759066.32	10108330.54	2754905.13
材料费	48011348.38	0.00	25593699.93	22417648.46	0.00
机械费	2884000.00	0.00	1280000.00	1604000.00	0.00

人工费支出总占比为 37.43%，其发生时间点贯穿整个建设周期，对直接工程费的贡献较大；材料费直接构成工程主体，对直接工程费的贡献最为显著。其中 2019 年主要进行地下室施工，材料费为 0；机械费主要指人货梯机械费和塔吊机械费，也是直接工程费的一个组成部分。

二、盈利能力分析

本项目通过两个盈利能力指标——净现值和内部收益率来对项目的盈利能力进行分析。净现值综合考虑了资金的时间价值和整个计算期内项目的经济状况，直接以货币的数

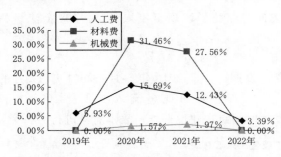

图 10.4.2　人工费、材料费和机械费支出占比

额大小体现项目的盈亏，直接明了。内部收益率同样考虑了资金的时间价值和整个计算期内的经济状况，通过与基准收益率的对比可对项目进行评价。

此项目净现值（NPV）为 2621425.46 元，大于 0，说明此项目除了满足基准收益率 5.0% 要求的盈利以外，还能获得超额利润；内部收益率（IRR）为 11.19%，大于基准收益率，项目在经济上是可以接受的。

第五节　施工项目融资前与融资后现金流量表对比分析

施工项目实际的现金流量表为融资后现金流量表，考虑了借贷资金的流入及其偿还。为进一步分析现金流量的内在规律，下面对融资前现金流量表进行分析，并与融资后现金流量表进行对比。

融资前现金流量表的编制总体与融资后现金流量表相同，但现金流入中不包括借贷资金、现金流出不包括借贷资金的偿还。融资前现金流量表计算时，将现金流入的资金来源全部视为项目经理部自有资金，自有资金金额不受限制，从而在现金流量表中不计算借贷资金，见表 10.5.1。

表 10.5.1　　　　　基于 MMTT 的融资前与融资后现金流量表指标的计算

	累计净现金流量/元	净现值/元	内部收益率/%
融资前	6030593.59	2612511.17	10.65
融资后	5837915.82	2621425.46	11.19

通过表 10.5.1 的对比分析可知：

（1）融资前累计净现金流量大于融资后累计净现金流量。计算时发现，两者的差额为 192677.76 元，等于融资后现金流量表中的借贷资金应偿还的利息。

（2）融资前项目的净现值大于融资后的净现值，且可以验证，引起融资后净现值减少是借贷资金利息偿还部分所产生的资金时间价值引起的。

（3）从内部收益率角度，融资前的 IRR 小于融资后的 IRR。施工项目融资前现金流量表相当于常规的建设投资项目的全部资金现金流量表，施工项目融资后现金流量表相当于自有资金现金流量表。对于施工项目融资后现金流量表来说，项目经理部垫付的成本为自由资金 12524871.50 元，其 IRR 应大于融资前现金流量表计算所得的 IRR，符合一般规律。

第六节　单因素敏感性分析

为进一步了解现金流量结构中的现金流入、人工费和材料费对盈利指标的影响，研究在"MMTT"付款条件下，每次只考虑一个因素的变动，进行单因素敏感性分析，结果见表 10.6.1。

表 10.6.1 因素变化对内部收益率的影响

不确定因素	变　化　率		
	−2%	基本方案	2%
现金流入	5.07%	11.19%	19.38%
人工费	12.81%	11.19%	9.69%
材料费	13.77%	11.19%	8.89%
机械费	11.33%	11.19%	11.04%

计算可得

现金流入平均敏感度＝31.99

人工费平均敏感度＝6.98

材料费平均敏感度＝10.92

机械费平均敏感度＝0.64

显然，内部收益率对现金流入的变动反应最为明显，其次是人工费和材料费，对机械费变动的反应最弱。

第十一章 不同付款方式现金流量对比分析

根据数学排列组合计算原理，现金流入、现金流出中的人工费、材料费、机械费对应的不同付款方式共有 16 种。

第一节 现金流入对比分析

现金流入按付款方式有按月（M）和按节点（T）付款两种。

由图 11.1.1 可知，不考虑借贷资金的现金流入，按月付款得到的每月现金流入在建设期（0—31）内分布较为平均；在建设期内，按节点付款的现金流入只发生在 14、17、29 时间点上，即 2020 年 7 月、2020 年 10 月、2021 年 10 月。不同的付款方式会导致借贷资金的不同。在建设期外（32－80），两种付款方式现金流入相等。

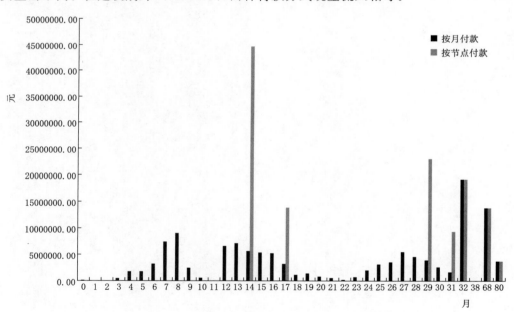

图 11.1.1　现金流入对比分析

第二节 现金流出对比分析

现金流出中的人工费、材料费、机械费的付款方式有月（M）和按节点（T）两种方式。

　　由图 11.2.1，按节点的人工费付款方式发生时点少于按月付款方式的发生时点。对项目经理部来说，在考虑资金时间价值的情况下，人工费按节点支付更为有利。

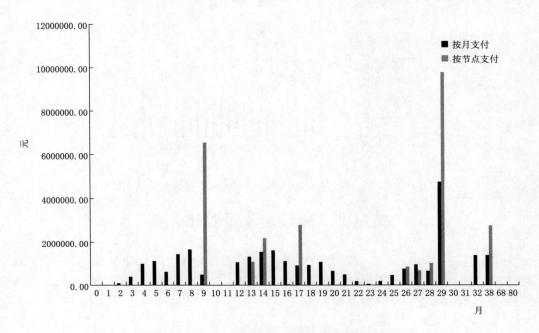

图 11.2.1　人工费按月和按节点支付对比

　　由图 11.2.2，由于节点的划分，材料费和机械费按节点支付时数值较高，但从资金时间价值的角度考虑，最终所得收益要优于按月支付的付款方式。

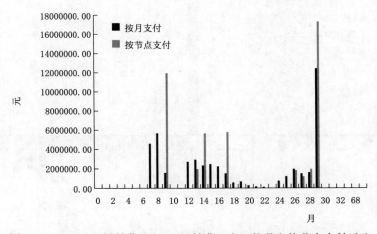

图 11.2.2（一）　材料费（左）、机械费（右）按月和按节点支付对比

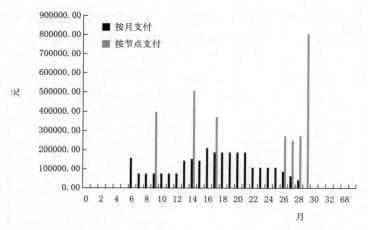

图 11.2.2（二） 材料费（左）、机械费（右）按月和按节点支付对比

第三节　净现金流量对比分析

如图 11.3.1 所示，8 种"T---"的付款方式所得的净现金流量分布相近，并且净现金流量数值波动较大，呈现明显的聚集性；8 种"M---"的付款方式的净现金流量分布略有差异，但其数值波动较小，分布较为平缓。

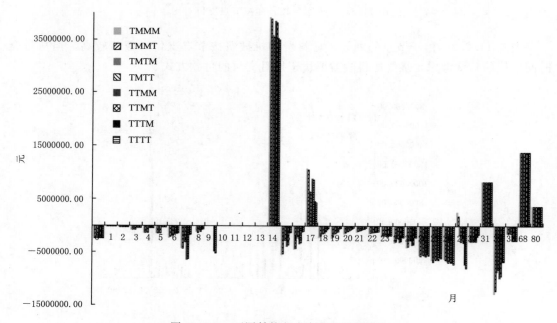

图 11.3.1　不同付款方式净现金流量对比

第四节   累计净现金流量对比分析

由于付款方式的不同，8 种"T---"付款方式所需的借贷资金不同，故导致累计净现金流量略有差异，并按一定的规律排列；但对于 8 种"M---"付款方式来说，其借贷资金相同，由此产生的利息也相同，从而所得的累计净现金流量相同，见表 11.4.1。

表 11.4.1   不同付款方式下累计净现金流量对比分析表   单位：元

序号	支付方式	累计净现金流量	序号	支付方式	累计净现金流量
1	TMMM	3488232.80	9	MMMM	5837915.82
2	TMMT	3522650.24	10	MMMT	5837915.82
3	TTMM	3634773.14	11	MMTM	5837915.82
4	TTMT	3668146.10	12	MMTT	5837915.82
5	TMTM	3848916.52	13	MTMM	5837915.82
6	TMTT	3882289.48	14	MTMT	5837915.82
7	TTTM	3951909.67	15	MTTM	5837915.82
8	TTTT	3980849.46	16	MTTT	5837915.82

第五节   各项盈利能力指标对比分析

一、净现值对比分析

从表 11.5.1 可以看出，8 种"T---"的付款方式所得的净现值小于 8 种"M---"的付款方式的净现值。其中"MTTT"付款方式的净现值最大，为 2947593.31 元；"TMMM"付款方式的净现值最小，为 1187273.16 元。

业主按节点支付工程款时，施工方向银行借贷的资金更高，所得的净现值更低。总的来说，在考虑资金时间价值的情况下，现金流入按节点付款的方式对项目经理部是不利的。

从现金流出（人工费、材料费、机械费）的角度分析，现金流出按节点支付对施工方有利，其中，人工费按节点支付对净现值的贡献最显著，其次是材料费，机械费的贡献最微弱。对一般项目而言，材料费约占总成本的 70%，人工费约占总成本的 25%，材料费对净现值的影响应大于人工费。但本项目中，由于包工包料的费用全部计入人工费，且人工费的支付节点相比材料费多了 2022 年的节点，故导致人工费的影响最为显著。

二、内部收益率对比分析

8 种"T---"付款方式下的内部收益率分布规律与其净现值分布规律相同，"TMMM"付款方式内部收益率最小，"TTTT"付款方式内部收益率最大；8 种"M---"付款方式下的内部收益率分布规律与其净现值分布规律也一致，"MMMM"付款方式内部收益率最小，"MTTT"付款方式内部收益率最大，见表 11.5.2 和图 11.5.1。

表 11.5.1　　　　　　　　不同付款方式下净现值对比分析表　　　　　　　　单位：元

序号	付款方式	NPV	序号	付款方式	NPV
1	TMMM	1187273.16	9	MMMM	2310491.92
2	TMMT	1235474.28	10	MMMT	2360349.72
3	TMTM	1430914.04	11	MMTM	2571567.66
4	TMTT	1479168.09	12	MMTT	2621425.46
5	TTMM	1506310.18	13	MTMM	2636659.78
6	TTMT	1554564.22	14	MTMT	2686517.57
7	TTTM	1752121.79	15	MTTM	2897735.52
8	TTTT	1800586.50	16	MTTT	2947593.31

表 11.5.2　　　　　　　　不同付款方式下内部收益率对比分析　　　　　　　　　%

序号	支付方式	IRR	序号	支付方式	IRR
1	TMMM	8.83	9	MMMM	9.61
2	TMMT	9.05	10	MMMT	9.82
3	TMTM	9.45	11	MMTM	10.89
4	TMTT	9.68	12	MMTT	11.19
5	TTMM	10.89	13	MTMM	11.27
6	TTMT	11.23	14	MTMT	11.59
7	TTTM	11.86	15	MTTM	13.30
8	TTTT	12.27	16	MTTT	13.80

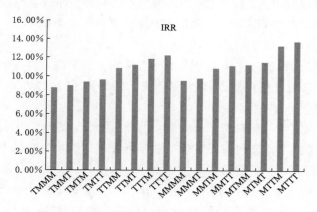

图 11.5.1　不同付款方式下内部收益率对比图

与净现值的分布规律相同，现金流出中，人工费按节点支付对内部收益率的贡献最显著，其次是材料费，机械费的贡献最微弱。同样的，因本项目付款条件的特殊性，导致人工费对指标的影响程度上升，甚至超过了材料费。

从指标大小的排列规律来说，"MMTT" 付款方式所得的 NPV 和 IRR 应大于 "MT-

MM"付款方式所得的指标。但从表 11.5.1 和表 11.5.2 的计算结果可知,"MTMM"付款方式所得的指标要大于"MMTT"。这表明,基于本项目的付款条件下,人工费的付款方式对指标的影响程度要大于材料费和机械费对指标的影响程度之和。此结论具有偶然性,视施工项目的具体情况而定。

第六节　机械费流入流出对比

最后,本章对施工现场的垂直运输机械费进行了简要分析,对塔吊、人货梯等机械费的流入流出差额进行定量分析,掌握其盈亏状况,为编制定额提供依据。

施工中需要的其他机械,如挖掘机等,其费用包含在外包单位的外包价中,不产生现金流,故不对其机械费进行分析。

计算时,现金流入主要包括安拆费、进出场费、垂直运输费、超高施工增加费;现金流出主要包括塔吊和人货梯的进出场费、租金等,见表 11.6.1。

表 11.6.1　　　　　　　　机械费现金流量对比表　　　　　　单位:元

序号	现金流入	现金流出	序号	现金流入	现金流出
1 号	1332804.78	362000	6 号	92332.25	274000
2 号	1252917.84	362000	7 号	16177.59	
3 号	80796.89	274000	地下室	298022.4	1360000
5 号	57358.5	252000	合计	3130410.25	2884000

由表 11.6.1,机械费现金流入 3130410.25 元,现金流出 2884000 元,共盈利 246410.25 元。

参 考 文 献

［1］ 辛宇鹏. 面向三维数字化制造的机加工艺设计与优化技术研究［D］. 西安：西北工业大学，2015.

［2］ 吴青. 基于 Teamcenter 的产品制造工艺管理研究［D］. 大连：大连理工大学，2018.

［3］ SFREDDO L S, Vieira G B B, Vidor G, et al. Systematic literature review of ISO9001 and process management［J］. Int J of Productivity and Quality Management，2019，26（3）.

［4］ 何苗，杨海成，敬石开. 基于产品分解结构的复杂产品工作分解技术研究［J］. 中国机械工程，2011，22（16）：1960-4.

［5］ 汤志辉. 基于 BIM 的铁路站前工程信息分类编码研究［D］. 北京：中国铁道科学研究院，2016.

［6］ 祁孜威. 基坑工程信息模型分类和编码及其应用研究［D］. 北京：中国铁道科学研究院，2021.

［7］ 侯永春. 建设项目集成化信息分类体系研究［D］. 南京：东南大学，2003.

［8］ 刘畅. 基于 BIM 的房建工程的多层级工程量清单构建研究［D］. 北京：北京交通大学，2017.

［9］ 罗文斌，王新平，代丹丹. 建筑信息模型分类和编码标准研究及应用［J］. 建设科技，2021，（13）：114-6，20.

［10］ 宋婕. ISO12006-2：2015 标准简介［J］. 工程建设标准化，2018（2）：80-1.

［11］ 万聪. 基于 Omniclass 的建筑企业项目信息集成管理［D］. 武汉：华中科技大学，2013.

［12］ 王凯. 国外 BIM 标准研究［J］. 土木建筑工程信息技术，2013，5（1）：6-16.

［13］ 李元齐，郑华海，刘匀. 工业化住宅部品分类与编码研究［J］. 建筑钢结构进展，2017，19（1）：1-9.

［14］ 王珩玮. 基于 BIM 的建筑施工多源信息集成与施工管理关键技术［D］. 北京：清华大学，2019.

［15］ 吴双月. 基于 BIM 的建筑部品信息分类及编码体系研究［D］. 北京：北京交通大学，2015.

［16］ GB 50203—2011 砌体结构工程施工质量验收规范［S］. 北京：中国建筑工业出版社，2011.

［17］ 13J104 蒸压加气混凝土砌块、板材构造［S］. 北京：中国计划出版社，2013.

［18］ JGJ 145—2013 混凝土结构后锚固技术规程［S］. 北京：中国建筑工业出版社，2013.

［19］ JGJ/T 157—2014 建筑轻质条板隔墙技术规程［S］. 北京：中国建筑工业出版社，2014.

［20］ 张宏伟. 华北电网有限公司仓储中心建设项目节点进度控制研究［D］. 北京：华北电力大学，2014.

［21］ 中华人民共和国住房和城乡建设部. 建设工程工程量清单计价规范［Z］. 2013.

［22］ 江西省劳动和社会保障厅. 江西省建设领域农民工工资支付管理暂行办法［Z］. 2005.

［23］ 全国造价工程师执业资格考试培训教材编审委员会. 建设工程计价［M］. 北京：中国计划出版社，2017.

［24］ 江西省住房和城乡建设厅. 关于调整 2017 版《江西省建设工程定额》综合工日单价的通知［Z］. 2020.